U0179981

徐浩然————

编著

葫芦盛器

有容乃大

华中科技大学出版社
http://press.hust.edu.cn
中国·武汉

编 委 会

主　编：徐浩然
副主编：郑　顿　黄文庆　赵　洋　杨程程　陈佳树
　　　　徐梓峻　阮熙越　阮　琳　刘　顺

第一章　葫芦盛器的文化属性 / 001

葫芦盛器的概念 / 002

葫芦盛器的文化寓意 / 008

葫芦盛器的文化用途 / 011

第二章　葫芦盛器的功能 / 019

日常葫芦用器 / 021

葫芦农业工具 / 065

葫芦渔业工具 / 069

葫芦医药容器 / 073

葫芦军事工具 / 081

葫芦乐器音腔 / 087

葫芦虫具 / 112

葫芦茶香花器 / 116

葫芦祭祀礼器 / 127

葫芦文房用具 / 133

第三章　葫芦盛器的装饰艺术 / 141

编织葫芦 / 143

范制葫芦 / 149

彩绘葫芦 / 152

漆艺葫芦 / 155

押花葫芦 / 158

拼接葫芦 / 160

烙画葫芦 / 163

雕刻葫芦 / 165

勒扎葫芦 / 171

镶嵌葫芦 / 173

雕漆葫芦 / 176

第四章　葫芦盛器的发展与传承 / 177

葫芦盛器的过去与未来 / 178

葫芦盛器的收藏价值 / 183

葫芦盛器的文创开发 / 188

北京故宫博物院葫芦盛器精选图录 / 195

版权声明 / 200

参考资料 / 201

鸣谢单位 / 205

第一章

葫芦盛器的文化属性

葫芦盛器的概念

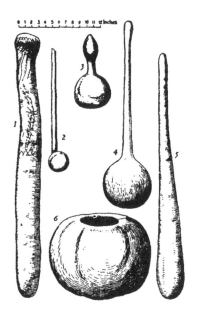

各种样式的葫芦 《大英百科全书》第 12 卷，第 11 版，第 287 页

　　世界上有两千多个民族，研究这些民族的历史和民俗，你会发现葫芦是使用最广泛的盛器，因此，无论葫芦生长在哪里，它作为容器的使用功能都具有普遍性和广泛性。我国著名文化专家董健丽曾著书《中国古代葫芦形陶瓷器》，称葫芦的应用最早出现在土陶和瓷器之前；彝族学者刘尧汉曾在《论中华葫芦文化》中

推断人类历史上曾有过葫芦容器时代。日本葫芦学者汤浅浩史曾举办过"人类的原器·葫芦的世界"葫芦艺术展，证明了葫芦是人类最早的原器。美国欧内斯特·S.道奇在《南太平洋地区的葫芦文化》一书中介绍说："斯佩克（Speck）认为，美国东南部印第安人使用的陶器，其前身可能就是葫芦。布里格姆（Brigham）则搜集了许多语言学证据，认为夏威夷群岛的葫芦盛器，可能要早于木器。"

我国《诗经·邶风·匏有苦叶》记载："匏有苦叶，济有深涉。深则厉，浅则揭。"意思是葫芦叶枯萎，葫芦已经成熟，济水边有渡口，水深时可以将葫芦拴在腰间渡过来，水浅时可以提起衣裳渡过来。

匏有苦叶

匏有苦叶，济有深涉。深则厉，浅则揭。

有弥济盈，有鷕雉鸣。济盈不濡轨，雉鸣求其牡。

雍雍鸣雁，旭日始旦。士如归妻，迨冰未泮。

招招舟子，人涉卬否。人涉卬否，卬须我友。

可食用的嫩葫芦匏　徐梓峻拍摄

　　《诗经·豳风·七月》中讲"七月食瓜，八月断壶"，就是说七月葫芦嫩的时候可以食用，八月葫芦可以做成瓢。葫芦因为中空外硬，成为制作盛器的绝佳材质。

　　日本江户时代的儒学者细井徇撰绘的《诗经名物图解》一书中曾这样介绍：匏，古时候匏、瓠、壶三名同物，通指葫芦。后世依果实形状对三者进行区别，其中，"无柄而圆大形扁者为匏"，别名腰舟、葫芦瓜等，在我国大部分地区均有栽培，果实和叶嫩时可以做菜蔬食用，果实成熟后中空，外壳坚硬，木质化，经煮晒处理，可用以制作酒器等多种生活用具及玩具、小工艺品等。古人把匏系在腰背上用以渡水，称为"腰舟"。

　　受中国影响，日本浮世绘画师的钤印中经常出现葫芦形状，画中也经常出现小葫芦手把件。

日本浮世绘中的葫芦把件　刘宝君提供

春秋时期老子的《道德经》第十一章："三十辐共一毂，当其无，有车之用。埏埴以为器，当其无，有器之用。凿户牖以为室，当其无，有室之用。故有之以为利，无之以为用。"三十根辐条汇集到一根毂的孔洞当中，有了车毂中空的地方，才有车的作用。揉和陶土做成器皿，有了器具中空的地方，才有器皿的作用。开凿门窗建造房屋，有了门窗四壁内的空部分，才有房屋的作用。由此可见，葫芦正因为外硬中空，才具有了器皿盛器的天然属性。无论是木车、器皿，还是房子，它们之所以能够发挥功能都是因为其"中空"。古代先民们很好地发挥了葫芦的特性和功能，把葫芦开发成了各种各样的盛器，并在世界范围内传播开来。葫芦从蔬菜转化为盛器，继而转化为带有文化属性的工美艺术品。老子在《道德经》第十一章也点明了葫芦的哲学属性，心要放空，心中无物，无挂无碍，任运有无才可以做到"载营魄抱一"，故有之以为利，无之以为用，虚空之中才有无穷的妙用。随着道家哲学体系的发展，葫芦于植物功能外又拥有了文化属性，成了道家修身养性的随身佩戴之物和法器之一。

笔者因学识有限，不可能详尽地分析同一类盛器的不同用途，也不可能详细准确地列举相同形状盛器的不同用途。葫芦盛器在世界范围内使用非常广泛，用来盛放食物以及盛放各种各样的物品。在陶瓷出现之前，相对于椰子壳盛器、竹筒盛器和木质盛器，葫芦盛器是最容易长成和最便于制作的，因此得到了先民的偏爱。

由哈佛大学、史密森尼学会、美国国家自然历史博物馆、新西兰梅西大学和缅因大学的人类学家和生物学家组成的团队曾在美国国家科学院院刊的网站上发表论文称，根据对现代葫芦与在西半球考古遗址发现的葫芦进行的基因比对，可推断史前人类广泛应用的厚皮葫芦容器是在大约一万年前由亚洲人带到美洲的。研究人员将遗传学和考古学相结合，收集了来自美洲各地的古代葫芦残骸。然后，他们从古代葫芦和亚洲、非洲现代葫芦的基因中鉴定出关键的遗传标记，然后比较植物的基因构成，以确定新大陆葫芦的起源。

葫芦几乎也遍及整个非洲大陆，它有多种用途，包括用以制作餐具、炊具、容器、宗教用品、乐器，有时还可以做成衣服配饰。

葫芦伴随着各地人文历史的发展拥有多种用途，包括作为食物，制成厨房工具、玩具、乐器和装饰品等。今天，葫芦还被制成各种工艺品，包括珠宝、家具，以及使用雕刻、烙画和其他技术的各种装饰品。

本书将以葫芦作为盛器的功能为出发点，讲述葫芦盛器在日常生活、传统农业、渔业、军事、医学等领域的广泛应用，并解析现有葫芦盛器的制作工艺。由于学识有限和时间仓促，不足之处还望各位方家指正。

女性葫芦服饰配件　崔李娜收藏

弗吉尼亚的美洲土著人　大英图书馆

葫芦盛器的文化寓意

　　在《图说葫芦》出版之后，中国新闻书店曾为葫芦工坊拍摄了"传承者说"系列视频，其中有一次采访主题就是关于"葫芦盛器与'君子不器'"的联系，本人不才，当时只是简单地回答了以下内容。

　　君子不器，出自《论语·为政》，意思是君子不应拘泥于手段而不思考其背后的目的。《易经·系辞》中有一句："形而上者谓之道，形而下者谓之器。"形而上是无形的道体，形而下是万物各自的相。被万物各自的形象与用途束缚，就不能领悟、回归到无形的道体之中。君子心怀天下，不像器具那样，作用仅仅限于某一方面。器者，形也。有形即有度，有度必满盈。故君子之思不器，君子之行不器，君子之量不器。

　　万事万物，如能虚怀若谷，方成大器。葫芦作为一种盛器，一旦破口，当方则方，当圆当圆；可大可小，可曲可直，可高可矮，也可胖可瘦，真是"朴散为器"。葫芦盛器因天之道，合道而用，不因小失大，不拘泥于一形一器而圆成大道，为世人各取所需而尽情开发利用，颇有"天下神器"风范。《论语·阳货》："吾岂匏瓜也哉？焉能系而不食。"孔子用"匏瓜空悬"比喻自己无法像匏瓜那样系悬着而不让人食用，应该出仕为官，有所作为。

　　君子不器与葫芦盛器的内在文化属性是不谋而合的。在读《老子略说》一书时，我受益匪浅。书中讲到的很多葫芦的文化寓意和《道德经》的内容是相通的。如葫芦为草木生长之木位，万物欣欣向荣，是万物吉祥之所处。因此，葫芦象征着"壶天福地"、喜乐平安和君子光明磊落。一个人要尊道贵德，以道为尊，以德为贵，与天地合一，共命运、同造化，当生则生，当死则死，生死一如。虽然形质不存，其性体永存太虚。这也就是世人为何如此推崇葫芦盛器的原因之一吧。

　　葫芦作为器物的属性和用途是非常普遍的，这在《图说葫芦》和本书中都有很多实际案例。葫芦在文化层面的意义，比如葫芦器物吉祥福禄的象征和多子多福的美好寓意，以及葫芦身上包含的"包容、开放、济世、善良"的文化精神，是我们应该去体会、继承和发扬的。因此，在从事葫芦创作的时候，我一般会本着"公平贸易"的原则进行葫芦产业链的布局和设计，老百姓种葫芦，我们择优收购，并给予合理的价格；手艺人在我们这里加工葫芦，我们也是尽可能地提供创意设计的保护，以及成品研发的成本保障和支持，让老百姓种葫芦有稳定的收入，让手艺人做葫芦有尊严和体面的生活。我们努力去开拓国内外市场，积极学习国外的先进创意和新工艺，把国外先进的葫芦制作手艺和营销模式等引入国内市场，同时把中国的优秀葫芦作品通过对外展览展销等方式推介出去，与国外的葫芦艺术家进行良好的沟通。在出版《图说葫芦》这本书的时候，我曾在书中声明将该书版税捐赠给北京春苗慈善基金会，用于资助贫困及孤残病患就医和康复。这也许就是葫芦作为器物的本来属性——"悬壶济世"的一种表达吧！

君子不器其实也是一种哲学智慧，从事葫芦产业也是一种"道"的追求和实践，"道"是智慧，知识是工具，"道"是君子所追求的，不拘泥执着于追求知识，不拘泥执着于术语，才能使"道"通达。普通人只看到了知识，却忘记了知识本身是工具不是目的，求知的目的是至"道"。因此，我们从事葫芦产业，求的就是把葫芦产业发展壮大，不仅仅局限于葫芦工艺品，而是借助葫芦在物质、文化方面的意义，发挥葫芦的日常应用、药物价值、家居装饰等多方面的功能。我们通过与海内外葫芦艺术家的交流合作，把葫芦的文化属性和寓意进行广泛的结合，向全世界宣传葫芦所蕴含的文化，以达到文化层面的高度认同。

君子不器，从另外一层意义上讲就是鼓励我们多用实际的行动去实现梦想，不要光说不做。所以，孔子说，真正的君子，是要少说空话，多做实在的事情。因此，我们很少接受采访，我们更愿意踏踏实实地研究葫芦文化、研发葫芦产品、拓展葫芦销售渠道，向全世界推广中华葫芦文化。

葫芦储物罐

葫芦盛器的文化用途

　　我国先民很早就有生产使用葫芦盛器的传统，用这种盛器盛装食物或草药，利于保持食物或草药天然的品质。古时，人们一般将葫芦盛器用作盛茶、盛酒和盛草药的器皿，也用来装粮食和水，还可供玩赏。在世界范围内，葫芦也有大同小异的文化共性。

1840 年南非图加拉河附近穿着皮裙和酿造啤酒的祖鲁妇女

非洲葫芦

　　镂空和干燥的葫芦是非洲家庭中非常典型的器具，它们用于淘米、运水和盛放食物。葫芦还能制作成各种乐器，例如葫芦竖琴、葫芦琵琶、传统葫芦小提琴、西非马林巴琴等，在这些乐器里，葫芦主要充当音腔共鸣器。葫芦也用于制作木偶玩具，供小孩子玩耍嬉戏。在许多非洲传说中，葫芦被视为装满知识和智慧的容器。在塞拉利昂，葫芦也用于制成拨浪鼓、摇铃等，有时大葫芦被简单地挖空、干燥并蒙上兽皮做成打击乐器葫芦鼓，富拉尼人、桑海人、古尔人和豪萨人都能熟练击打葫芦鼓。在尼日利亚，葫芦被一分为二做成骑摩托车时佩戴的头盔。在南非，葫芦通常被用作饮水容器和运送食物的食盒。在埃塞俄比亚的农村，小孩子戴上由葫芦制成的帽子，以保护他们免受阳光照射。

卡西西　葫芦乐器

卡西西是非洲的一种打击乐器，由一个封闭的篮子组成，底部平坦，装满种子或其他小颗粒。圆底是从干葫芦上切下来的。卡西西是通过摇晃来发出声音的，声音的变化通过改变卡西西摇动的角度产生。内容物撞击芦苇篮,声音更柔和;撞击坚硬的底部,声音更大、更尖锐。

在西非，当地人相信卡西西可以召唤善良的灵魂并抵御邪灵。

还有一种非洲葫芦乐器，是用小珠子装饰葫芦的表面。有的整个葫芦都覆盖着由小珠子组成的几何图案。以前，在尼日利亚南部和喀麦隆，这种葫芦乐器多用来象征皇家贵族的威望。

非洲的传统葫芦乐器在制作时，一般采用一种或多种制作工艺，形成风格多变的葫芦制品。

索马里葫芦　徐梓峻拍摄

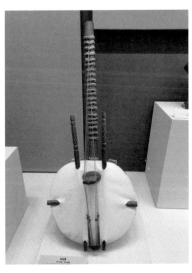
刚比亚葫芦乐器 科拉琴　徐梓峻拍摄

葫芦质轻、腔空、耐用，因此在非洲人民的生活中被广泛使用。葫芦在非洲有很多种用途，绝大多数被用作容器，如化妆盒、鼻烟盒、金银首饰盒等。葫芦也被制成食物盛器，如盛装液体（水、牛奶、油、酒等）。葫芦还能盛装谷物或者作为餐具等。在埃塞俄比亚的土著部落，人们会在房子上挂满各种各样大大小小的葫芦，以示家庭的富有。

在传统的非洲社会中，负责家庭烹饪的主要是妇女，她们通常以葫芦为烹饪辅助用具，因此，葫芦常被视为家庭主妇权利的象征。非洲布基纳法索的卡塞纳家庭主妇有一种葫芦项链，它是由一堆大小不一的葫芦串成的，是家庭主妇权利的象征。

民间故事和神话中的葫芦崇拜在非洲大陆也屡见不鲜。妇女和葫芦在宗教象征中联系在一起，因为葫芦的空腔让人想起子宫。由于妇女生育孩子，因此在许多地方，葫芦象征着具有神秘力量的女人。

中国葫芦

在中国，葫芦谐音"福禄"，是吉祥的象征。葫芦可以入药，又可以作为道医的随身法器和药瓶。葫芦也是一种传统中医常用的药物容器。据说"八仙过海"里铁拐李的葫芦里装着能治百病的药，他经常分发给穷人。晒干的葫芦也被用作装液体的容器，通常装酒或药物。

葫芦种植方法既有粗放也有细作，比如在模具中种植，形成不同的形状，印有花卉或蔓藤花纹图案。范制的葫芦也被晒干用以饲养蟋蟀等鸣虫。在中国，葫芦也被做成各种各样的葫芦乐器。

据葫芦藏家敬克建介绍，葫芦还有一个神奇的功能就是给玉器抛光，霍达的小说《穆斯林的葬礼》中就记载了制作玉碗的最后一个抛光环节，不用坨子，改用葫芦。拿葫芦给玉抛光，一定得使用马驹桥的葫芦，别处的还真不成，葫芦上还得抹上"宝药"，这玉就锃亮锃亮的。这或许是 20 世纪流传下来的穆斯林玉匠的独门绝活。

夏威夷葫芦

在夏威夷，"葫芦"一词指的是一个大碗，通常是指由葫芦制成的吃饭的碗，摆放在餐桌中间。在夏威夷，还有诸如"葫芦家族"或"葫芦表亲"之类的宗族术语，表示一个大家庭在共享膳食和亲密的环境下长大。

夏威夷人通常在葫芦成熟时将其制成草裙舞中的打击乐器Ipu Heke。

印度、孟加拉国葫芦

在印度，很多乐器都是用木头和葫芦制成的，比如西塔琴、Rudra Veena、Vichitra Veena。孟加拉国的鲍尔歌手使用的乐器Gopichand 也是用葫芦制成的。

在印度的部分地区，干燥的、完整未破的葫芦被用作漂浮物，以帮助人们在农村地区学习游泳。

另外，葫芦在印度和孟加拉国也可以食用。

菲律宾葫芦

在菲律宾，干燥的瓢葫芦被用来制作传统的帽子 Salakot。

2012 年，吕宋岛阿布拉专门制作 Salakot 的工匠 Teofilo Garcia 被该国国家文化艺术委员会授予"国家活宝奖"，以表彰他对制作传统 Salakot 的奉献精神。Salakot 也是菲律宾的非物质文化遗产之一。

南美洲葫芦

在阿根廷、乌拉圭、巴拉圭、智利和巴西南部，晒干的葫芦被制作成马黛茶杯，在秘鲁，葫芦经雕刻染色制作成各种葫芦工艺品。葫芦上通常有棕色、黄色、黑色的几何图案，记录了当地的农业文明。

在秘鲁、玻利维亚和厄瓜多尔，葫芦还有药用价值。印加文化将民间传说中的图案、符号、故事情节等刻到葫芦上，这一习俗保存至今。

马黛茶葫芦容器 1950 年　阿根廷

嵌银葫芦马黛茶具　徐梓峻拍摄

北美洲葫芦

由于葫芦防水，在北美洲的农场种植园里，葫芦也被用作装水和种子的容器。在种植园中，葫芦象征着自由，正如歌曲 *Follow the Drinking Gourd* 中提到的那样，葫芦被称为通向自由的指路明灯。在电影《为奴十二年》里，我们也能看到各种各样的葫芦器具。

特殊用途

烟斗

据说葫芦具有其他材料无法复制的"特殊柔软"性，晒干以后的葫芦可以用来制作烟斗。20世纪初，葫芦烟斗在南非普遍使用。目前非洲大陆还有各种各样的葫芦烟具。还有一种福尔摩斯烟斗，内衬是由海泡石制成的，发明者是亚瑟·柯南·道尔爵士。

非洲各式各样的葫芦烟具

葫芦烟斗　徐浩然收藏

灌肠器

葫芦在古代还可以做成灌肠器。这种葫芦灌肠器的做法是在葫芦的一端开一个洞，然后用树脂将一根空心手杖固定在葫芦的脖子上。这种葫芦灌肠器在夏威夷群岛、中国都有出现。

葫芦电话

在美国国立博物馆的藏品中，有一台拥有一千多年历史的葫芦电话。它由两个葫芦听筒和连接线组成。这台葫芦电话是葫芦作为声音的接收扩散器的证据之一。

第二章

葫芦盛器的功能

葫芦盛器的主要用途	
日常用器	葫芦水壶、酒葫芦和酒具、醋葫芦、盐葫芦、油葫芦、葫芦碗、葫芦杯、葫芦勺、葫芦瓢、葫芦盆、葫芦盘、葫芦提篮、葫芦漏斗、葫芦矿灯／葫芦灯罩、葫芦箱、葫芦头枕、葫芦烟具、颜料盒、鸟食罐、鸟窝、鸟笼、葫芦烛台、葫芦钱包、葫芦储物罐、葫芦牙签筒、葫芦香桶、葫芦针线盒、葫芦漏瓢
农业工具	播种工具、脱籽工具、灌溉工具、保种育种工具
渔业工具	漂浮工具、葫芦舟、鱼漂浮子、捕鱼篓和装鱼容器、渔具和鱼饵器具
医药容器	药葫芦、灌药器、闻药／鼻烟壶、葫芦药勺、葫芦艾灸
军事工具	火药葫芦、冲阵火葫芦、箭筒和箭袋、纵火箭、千成葫芦
乐器腔体	葫芦笙、葫芦琴、葫芦丝、葫芦埙、葫芦胡、葫芦鼓、拨浪鼓、葫芦铃鼓、拇指钢琴（Kalimba）、非洲木琴（Balaphon）　弓形拨弦琴（Bow Lute）、葫芦竖琴（Kora）、沙锤、葫芦鸽哨、葫芦口弦、葫芦长笛／短笛、葫芦号角、越南管状葫芦琴、乌孜别克族热瓦甫、葫芦摇铃／葫芦铃铛、鼻笛
虫鸣工具	范制葫芦虫具、扁圆形葫芦虫具、本长葫芦虫具
茶香花器	葫芦茶器：葫芦茶则、葫芦茶漏、葫芦水方、葫芦盂、葫芦涤方、葫芦茶杯、葫芦茶碗、葫芦茶托、葫芦茶桶、葫芦茶入、葫芦茶仓、茶匙 葫芦香器：倒流香葫芦、葫芦香插、葫芦香囊 葫芦花器：葫芦花插、范制葫芦花瓶、范制葫芦八棱扁瓶、葫芦花囊、花觚
祭祀礼器	祖灵葫芦、瓢囊、佛龛
文房用具	诗瓢、葫芦毛笔、葫芦砚滴、葫芦笔架、葫芦水洗、葫芦印泥盒、葫芦圆盒、葫芦笔筒、葫芦镇纸、葫芦名片夹、葫芦钢笔、葫芦围棋罐

（制表：徐浩然 2022 年 8 月 28 日）

日常葫芦用器

从人类诞生的那刻起，葫芦好像就有了万能的作用，装水、渡人、保存种子和祭拜祖先等。由于葫芦容易生长且种植非常普遍，葫芦成为原始先民制作简单容器的最佳选择，并成为陶瓷的原型之一。葫芦外形美观且变化多样，只需剖开外壳就能制成碗、勺、盆、瓶、钵、提盒、罐等生活实用器皿。

经过后世手艺人的努力，葫芦盛器的制作工艺日趋精致规范，葫芦盛器兼具审美与实用双重价值。历代文人雅士不断赋予葫芦盛器天地通灵、天人合一的人文精神和情感内涵，将每一处结构都视作自然与生命的浓缩与延续。传世葫芦盛器都有文人题款刻印，或记录葫芦盛器流传，或记叙文人交游，或寄物寓志，这一切都体现着隐藏于器背后的人与人的关系，以及葫芦盛器的历史背景和文化底蕴。

在"民以食为天"的中国，葫芦有着悠久的食用历史，也催生了博大精深的葫芦盛器文化。2022 年，在国家博物馆举办的"中国古代饮食文化展"上，我们看到了日常葫芦用器在食材、器具、技艺、礼仪等不同方面的作用。由此可见，葫芦用器的兴衰和进化体现了中国古代饮食文化的发展变迁与文化内涵。

　　博茨瓦纳 圆形葫芦容器 表面雕刻有黑线和三角形图案，用动物皮革组成提梁。布莱顿博物馆和美术馆收藏

夏威夷葫芦碗

印第安人的葫芦盛器

葫芦水壶

无论葫芦生在何地，人们将其作为水壶使用的情景都非常普遍。葫芦之所以能够作为水壶使用，有四大优点：一是易生，二是轻巧，三是实用，四是易于更换。总体而言，在世界各地，最古老的生活盛水器主要是葫芦、木器、椰子壳和竹筒等。在绝大多数种植葫芦的地区，人们都会优先使用葫芦作为简易水壶。

在我国，葫芦水壶的使用众所周知，相关文物和标本数不胜数。

葫芦在自然生长过程中会出现千姿百态的形状变化，伴随着气候和环境的变化，葫芦品种出现了杂交和变异，而选择哪种形状的葫芦作为水壶也存在着很大的差异，基本上是就地取材和根据个人喜好而制作。东西方、热带、温带等不同区域的葫芦水壶都代表着不同的葫芦文化。

旧时，葫芦水壶是一家人最重要的日常盛器。每天，一户人家的饮水都存放在葫芦水壶里，人们用它从小溪和山泉中取水，也用它运送淡水。山区的人家出门在外总会背着葫芦水壶，海边的渔民外出打鱼远航都会随身携带葫芦水壶，以保证淡水的供应补给。在电影《哑姑》中就有一个经典的葫芦水壶的镜头：村里为了招募养鸭高手，就把一个葫芦水壶扔进水里，能踩着小船用竹竿把葫芦水壶捞起来的就算胜出，最后哑姑熟练地跳到船上，轻松地把葫芦水壶捞了上来。这也说明葫芦在江河湖沿岸地区的广泛使用。

葫芦水壶基本上可以分为三大类：家用葫芦水壶、出海使用的葫芦水壶和田间劳作时所用的葫芦水壶。葫芦水壶也是最普遍的葫芦容器，只要开口，掏空葫芦里面的瓤，就能装水，开口处常用木头、动物骨头、皮革等作为塞子。为了方便携带葫芦，人们还用柳条、树皮、动物皮毛等编织成网兜、绳带等捆在葫芦上。

普通的葫芦水壶的大致形状有球形、直筒形、瓢形、八字形等。在地中海沿岸，还有一种独特的扁圆形葫芦水壶。八字形最容易悬挂，它不需要网兜，只需要一根绳子从中间系住即可，其他形状的葫芦水壶最好有网兜，才方便固定。

从笔者的研究数据来看，以中国为代表的亚洲葫芦水壶基本上以亚腰葫芦为主，瓢葫芦为辅，非洲大陆基本上以瓢葫芦、亚腰葫芦、棒子葫芦（直筒形）为主，美洲大陆以瓢葫芦、亚腰葫芦为主，欧洲以亚腰葫芦、棒子葫芦（直筒形）为主，大洋洲属地则以球形葫芦、亚腰葫芦为主。航海渔船上的葫芦水壶，其外形与前述的几种类型大相径庭。笔者通过影视作品分析，

串珠装饰的葫芦容器　肯尼亚

国内船上的葫芦水壶以瓢葫芦和亚腰葫芦居多，国外则以棒子葫芦为主，这也反映出了不同地区的葫芦文化差异。细长形的葫芦，将茎部切掉之后形成壶口，壶口处足够弯曲，即便将水壶倾斜，里面的水也不会轻易淌出来。通常，这类葫芦水壶会直接用绳子悬挂在独木舟的横梁上或者大型船只的桅杆上。瓢葫芦方便渔民盛放衣物，八字形亚腰葫芦容易绑在孩子身上作救生衣。因此，

根据船只大小和航海距离远近，聪明的先民们在使用葫芦水壶时也是因材灵活应用，绝不拘泥。

分布在热带、亚热带地区的很多国家和民族至今仍将葫芦水壶作为主要运水工具。这些地区的葫芦生长周期快，个别品种的葫芦体积大，盛水多，在葫芦外面套上网罩或者用动物皮革、柳条、藤条等编织成网，一次可以带好多。如我国台湾地区的土著居民出海就用一种"大蒲仑"的葫芦汲水，并把衣服、粮食贮存在葫芦内，远行的时候可以挑着担着行路，也可以当漂浮工具过河。妇女们也常背着葫芦，用葫芦水壶打水做饭。至今，在我国云南的边陲乡镇，仍然有这种习俗，笔者曾在西双版纳的易武古镇的深山老林里见当地落水洞、麻风寨一带的傣族茶农，用葫芦水壶打水饮用，上山采茶必带葫芦水壶。

在拉祜族的春节习俗里，初一清晨，寨子里的人们背着葫芦水壶、竹筒到平时背水的地方抢新水。接水前先在衣服袖子边和裤腿上滴上几滴水，寓意新的一年中衣服、裤子不会着火。新水是幸福纯洁的象征，据说谁家抢到新水，谁家就有福禄。

另外，葫芦水壶还是冷兵器时代行军打仗必备的军需品之一。在我国有关古代边塞军旅生涯的文献中就有用葫芦取水运水的记载。军事博物馆还展览着一只红军战士强渡大渡河后送给船夫的葫芦水壶。

葫芦水壶在国外使用的记载也非常多，笔者曾在西班牙普拉多博物馆见到了葫芦用作水壶的油画作品。

葫芦水壶　徐浩然拍摄于西班牙 普拉多博物馆

韩国大田市种植的盛水的葫芦 李诚希提供

红军强渡大渡河时送给船夫的葫芦水壶　徐浩然拍摄于军事博物馆

　　伴随着手工艺技术的提高，人们在葫芦的外壳上进行雕刻、火画，甚至拼接镶嵌等，葫芦水壶从日常容器变成了漂亮美观的工艺品。伴随着人们对装水容器的大小、容量、使用周期等要求的变化，钢铁、化工制品相继出现，葫芦水壶离我们越来越远。随着现代文明的发展和生产力的提高，虽然葫芦水壶的使用频率降低了，但葫芦水壶作为文化载体依然被保存了下来。

　　一个多世纪前，逾万名华工用自己的血汗修建了横贯北美大陆的太平洋铁路，这些华工在极不安全的环境下，冒着生命危险勤奋工作，对美国后来的经济腾飞做出了不可磨灭的贡献。据史料记载，这些华工经受住了严冬的考验，使用锄头、铁铲以及炸药，在坚硬的花岗岩山体下开凿了一条隧道。施工期间各种意外、危险事故频发，史学家形容这条铁路"每一块枕木下都埋着一具华人的尸骨"。笔者在研究这段历史时，发现南方华工出国前带着葫芦水壶出行，并在修建铁路的时候将葫芦作为盛水的容器使用。

隧道外的中国华工挑着茶水和葫芦茶具，约 1867 年，美国国会图书馆

华工不仅带去了葫芦水壶，也把葫芦文化和饮茶文化带到了美国，后来很多美国种子店都售卖葫芦种子，以制作葫芦水壶

许多来加州种子农场的游客对中国劳工的葫芦水壶感兴趣。这种葫芦水壶是中国劳工用来装茶水的。几乎每个中国劳工都背着葫芦水壶，就像随身携带的茶壶一样。有的葫芦水壶外面有编织物覆盖，开口处带有一个木塞

刻有对称花卉图案的圆形葫芦　西班牙

　　当然，在世界很多地方，葫芦水壶继续发挥着作用，但大部分以葫芦工艺品的形式继续存在着。

带有藤条提梁和几何图案的葫芦水壶

造型优美的葫芦，带有编织
支撑和环形篮筐提手

酒葫芦和酒具

　　葫芦除了装水以外，还能装酒。葫芦作为盛酒的容器在人类历史中存在过一段时间。葫芦酒壶和葫芦水壶一样，伴随着技术进步和生产力提高而消失。中国是酒文化的发源地之一，关于葫芦酒壶和酒具的神话传说、诗词文赋数不胜数。用葫芦装酒，用葫芦瓢斟酒，用葫芦酒提子盛酒，是旧时诗词典故里常有的场景。

　　我国四大名著之一的《水浒传》在"火烧草料场"一节就描写了林冲用葫芦打酒的情景，"智取生辰纲"一节则描写了用葫芦瓢盛酒的情景：林冲用的酒葫芦，是上下两个肚的八字形亚腰葫芦，开口处带塞子。这是国内外较为常见的一种葫芦酒壶。"智取生辰纲"中用的葫芦瓢其实是一种小瓢葫芦一分为二做成的酒具。这种小瓢葫芦作为分酒器、酒杯常见于我国和南亚地区。还有把小瓢葫芦锯掉上半部分做成酒杯的，古时称为"樽"。我国最早的一部诗歌总集《诗经》中有云："酌之用匏。""匏"本为葫芦的泛称，此处则专指葫芦酒杯。匏尊，即以干匏制成的酒器，也作匏樽。苏轼《前赤壁赋》："驾一叶之扁舟，举匏樽以相属。"苏轼《病中游祖塔院》诗："道人不惜阶前水，借与匏樽自在尝。"苏曼殊《断鸿零雁记》第二六章："惜吾两人不能痛饮；否则将此蟹煮之，复入村沽黄醅无量，尔我举匏樽以消幽恨。"李时珍《本草纲目·菜三·壶卢》中的"霜匏"指匏瓜剖分为二做成的酒器。陆龟蒙《袭美见题郊居次韵》之二："简便书露竹，尊待破霜匏。"上述诗文中的匏樽、霜匏皆指葫芦做成的酒器。葫芦酒器在宋代达到高峰。

葫芦过去也叫瓢、匏，所以匏勺、瓢壶、瓢樽、瓢觯、瓢杯都是酒具。

匏勺，也是匏制的舀酒器，古代常用作祭祀礼器。《后汉书·礼仪志下》："瓦鼎十二，容五升。匏勺一，容一升。"《后汉书·祭祀志上》："天地共犊，余牲尚约。"刘昭注引《黄图》："牲欲茧栗，味尚清玄。器成匏勺，贵诚因质。"

瓢壶，泛指盛酒器。鲍照《拟古》诗之五："呼我升上席，陈觯发瓢壶。"李白《春日陪杨江宁及诸官宴北湖感古作》诗："感此劝一觞，愿君覆瓢壶。"

瓢樽，亦作"瓢尊"，泛指酒器。刘言史《林中独醒》诗："晚来林沼静，独坐间瓢尊。"苏辙《和毛君新葺困庵船斋》："画囊书帙堆窗案，药裹瓢樽挂壁蓝。"

瓢觛，泛指酒器。葛洪《抱朴子·广譬》："浩浩乎非瓢觛所挍矣，茫茫乎非跬步所寻矣。"

瓢杯，出自《东鲁王氏农书·农器图谱》，是一种饮器。把一个葫芦对半剖开，即成为一对瓢杯；将一个葫芦切开上口，就是一只匏樽。匏樽与瓢杯相配，一为盛酒器，一为饮器。

葫芦还可以作为分酒器，也叫舀酒器。古代有匏斗，就是舀酒器。有柄，斗似匏瓜之半形。宋代王黼《宣和博古图·斗·汉匏斗》："右二器皆斗也，如匏而半之。"

后来，陶瓷兴起，制作的葫芦酒杯皆以匏樽为参照物。从古代诗词典故来看，用到酒葫芦的地方非常多，或提着葫芦去买酒，或用葫芦作酒杯。用葫芦盛酒，比木器、皮具、陶器、瓷器等更为轻便易携，制作简单。但随着时代的进步，葫芦也慢慢地被其他材质代替。今天，葫芦大多作为家居摆设装饰之用，用葫芦装酒正在变少，而工艺品酒葫芦在文创、旅游的商品领域越来越多。

古时候，采玉的工人打井必携带一葫芦酒，认为这样下井可御寒，现在想想确实如此，高度纯粮食酒下肚可以加速血液循环产生热量抵御寒冷这是共识。苗族在端午节划龙舟时，水手们每个人身上都挂着酒葫芦，据称酒可以抵御水面寒气，同时也是团队协作的催化剂，水手们越喝越兴奋。

在瑶族、藏族、纳西族，我们经常会看见一种大酒葫芦，外面编织着竹篾，下为圈足，这样平稳，不易倾倒。同样的葫芦酒壶在非洲、南美洲和南亚等地比比皆是，大量的文物证实了葫芦水壶、葫芦酒壶的存在。葫芦酒具、酒杯等在日本、中国、菲律宾、马里、秘鲁、尼日利亚等国都有大量实物存在。

另外，葫芦酒壶在古代婚礼时作为"合卺"仪式之用，即把一个葫芦劈为两半，以线相连饮酒，即"交杯酒"，象征新婚夫妻连为一体，同甘共苦。这种"合卺"酒仪式在非洲赞比亚等某些原始部落也存在，承载着父母的祝福、同甘共苦的承诺与永不分离的美好寓意。

伴随着社会生产力的提高和科学技术的迅猛发展，尤其是陶瓷出现后，在相当长一段时间内，葫芦酒壶和葫芦酒具在人们的实际生活中被陶瓷等制品逐渐取代。但伴随着酒文化的世代相传，葫芦酒壶和葫芦酒具也在传承发扬，虽然不再作为主要盛酒容器，但仍然保留有一定的文化地位。我国明清时曾有不少葫芦酒具制作高手出现，并带动了葫芦产业的复苏和发展。范制葫芦工艺在明清时期得到了快速发展，从民间到宫廷有不少高手用陶瓷、瓦罐、石膏等做范模，把葫芦放在里面以生成匏器，再用漆艺、烙画、针刻等工艺做出新的葫芦酒壶、葫芦酒具等。

《三才图绘·器用》卷十二《葫芦樽》："葫芦樽，用大小二瓠为之，中腰以竹木旋管为笋，上下相联，坚以布漆，顶开一孔如上式，但不用足，口上开一小孔，并盖子口透穿，横插铜销，用小锁闭之，以慎疏虞上同此制。"

无论时代如何变迁，科技如何进步，葫芦酒壶和葫芦酒具都伴随着人类酒文化传承了下来。为此，国内外的葫芦专家学者都旁征博引，力证葫芦是陶瓷的原型。时至今日，市面上的大多数酒瓶、酒具还是呈葫芦形这一特点也说明了此观点。在欧洲的葡萄牙和西班牙，还有用葫芦做葡萄酒的容器和分酒器的使用案例。

将棕榈酒倒入葫芦中　拍摄于卡库姆国家公园

用葫芦装棕榈酒（刚果）

用作装酒容器的葫芦　该文物由两个葫芦拼接而成，中间用动物皮革固定

布隆迪共和国的酒葫芦　徐浩然拍摄

《醉酒图》阮琳刻

埃塞俄比亚带有雕刻图案的葫芦高脚杯

刘海戏金蟾酒葫芦　徐浩然收藏

酒葫芦　徐浩然收藏

醋葫芦

过去北京前门大街的老醋坊，门前挂一个葫芦幌子。旧时也用葫芦装醋。特别是在产醋大省山西，人们曾使用葫芦装醋，叫"醋瓶儿"。用葫芦装的醋都是当即食用，醋葫芦不具备常年贮存功能。

盐葫芦

葫芦作为容器一直是厨房常用用具之一，取材容易，质地坚硬，目前常见于边疆地区少数民族聚集地。

盐葫芦是用瓢葫芦做成的，上边开口较大，方便取盐。后来陶瓷制作的盐罐子基本以此为原型进行设计。

在越南河内越南妇女博物馆展出的盐葫芦　达德罗拍摄

东非盐葫芦

油葫芦

葫芦作为容器，能盛酒、醋、药等，也能装米面粮油、家常小菜。作为厨房烹饪必不可少的油葫芦，是古时必不可缺的厨房用具之一。油葫芦有两种用途：一是容器，二是量具。这个量具的

油葫芦　盛香油用

作用在用葫芦装酒、醋、茶、油、水等物料时都有体现，我们平时所说的"几葫芦""几瓢"都是按照约定俗成或生活习惯小范围内形成的用语，葫芦在此就是量具。

我国民间还有一种卖油的量具叫"提子"，其中葫芦形状的提子以铜或者铁片制成，俗称"油葫芦"，它的顶部开口。还有一种油锤葫芦做成的"勺子"，过去是盛香油的。另外，葫芦还有一个特殊的用途——磨香油的师傅在葫芦下部的圆球上挖一个洞，用它来荡香油。

葫芦提子　葫芦工坊张雷仿制

世界各地种植的油料作物不同，导致了各国人民烹饪用油不同，因此油葫芦装的油也不同。在我国，油葫芦主要装花生油、玉米油、棉籽油、菜籽油等；在外国，油葫芦主要装葵花籽油和橄榄油。位于南太平洋的社会群岛、萨摩亚、汤加和新西兰四个地区都有油葫芦，用来盛放椰子油，还有用来盛放动物脂肪油脂的（见《南太平洋地区的葫芦文化》第38—39页）。

葫芦碗

葫芦碗曾是人类日常饮食必需的器皿之一。制作精美的古董葫芦碗常常是收藏家的最爱。随着时代的发展、制瓷工艺的逐步改善以及人们的审美和实用要求的提高，瓷碗逐渐代替了葫芦碗具。

非洲葫芦碗

墨西哥雕刻动物图案　　大漆葫芦茶碗　　　印度尼西亚葫芦碗
的葫芦碗

　　天然的葫芦盛器早于木器、椰子壳、竹器等作为盛器出现。因为葫芦无论野生还是人工种植，获得都非常方便。葫芦是一年生植物，春种秋收，最快4—6个月就能长成，这是其他树木无法比拟的。葫芦品种繁多，外形多变，容易取材。另外，葫芦主体是圆形，做成碗后其容量相比其他器物更大。葫芦外表光滑，外壳坚硬，整体轻巧便于携带。而且葫芦还有椭圆形、梨形、圆形、桶形等，满足了人们不同的审美和实用需求。葫芦碗越来越精巧，分类也越来越具体多样，如饭碗、汤碗、菜碗、茶碗等。由此可见，葫芦是天然的盛器之一。

　　无论科技如何进步，在人类的历史长河中，葫芦一直伴随着我们，葫芦在人类世世代代的日常生活中都扮演着重要的角色。

　　目前，在热带雨林地区生活的土著居民依然使用着葫芦碗，在非洲还有专门的农村集市售卖葫芦碗。印度尼西亚有一种葫芦碗，盖子是用串珠装饰的，葫芦碗里面一般装着槟榔和野胡椒叶。

葫芦杯

　　杯子在葫芦容器之中并不少见，形状上有直筒状（棒子葫芦）、圆形、半椭圆形等形状，葫芦可做成水杯、茶杯、酒杯等。古人非常聪颖，他们懂得去繁变简，通常会根据葫芦的形状进行切割，做成自己想要的杯子形状。人们通过范制葫芦的工艺制作了很多葫芦匏器，葫芦杯更是数不胜数了。现在，除了热带、亚热带的土著居民还在使用葫芦杯子外，基本上就剩下范制葫芦杯子了，范制工艺为未来葫芦杯普及提供了一种可能性。科学技术越是发达，越是加快造成了环境污染，浪费了大量不可再生资源。而葫芦是可再生资源，生长周期快，结果率高。如果能够解决范制模具的重复利用问题，确实可以"种"出各种各样的葫芦杯。

大漆葫芦茶杯 敬克建收藏

刚果葫芦杯，外雕精美，绘有各种兵器、鸟和竖琴；附有编织复杂的篮筐把手。耶鲁大学美术馆藏

目前，中国、韩国、希腊、美国的很多环保主义者和葫芦种植者都在进行试验。以中国技术最为成熟。通常做葫芦杯的原生葫芦选用小梨形葫芦、小亚腰葫芦，取上肚锯开，杯底与葫芦壳子进行粘连，或者直接采用棒子葫芦。棒子葫芦做葫芦杯的最多，为保持葫芦杯的表面光滑和平顺，直接采用套模进行简单范制。

民间艺人多给棒子葫芦套模具，成功率甚高。

葫芦勺

葫芦勺是人类最简单方便的进食工具之一。小葫芦非常容易加工成葫芦勺，作用也较为广泛，最基本的功能就是喝汤、盛饭。

古代先民发明勺子进食，估计与农耕文化的出现有直接的关联。新石器时代农作物品种主要是水稻和粟，这两种谷物的烹饪比较简单，加上水煮成粥饭即可食用。热腾腾的粥饭，特别是半流质的粥食，不能直接用手抓食，需要借用其他辅助器具，于是最简单的葫芦勺子便被发明出来了。把小葫芦砸开半壁或者直接用兽骨骨片或蚌壳切开，一分为二就是小葫芦勺子，把葫芦内壁清洗干净，就是最简单的进食工具了。自然界的葫芦品种太多了，每个葫芦因为生长状况不同发生大小、形状的变化。聪明的先民一定是发现了葫芦的特有品质，把不同的葫芦锯开变成不同的盛饭、进食工具。

西帝汶葫芦容器 顶部有一个木头塞子，雕刻成一座房子，塞子上挂着动物骨头做成的汤匙。葫芦脖子下面有一条雕刻着图案的装饰带

葫芦勺子通常采用油锤葫芦、小瓢葫芦、瓜条葫芦进行制作。据北京现代职业学校的传统文化组教师郑颀介绍，葫芦勺子的种类非常多，形状、大小不同，针对不同的东西，勺子的用处也是不一样的。

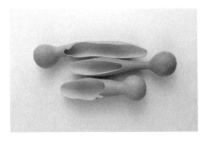 

改良后的葫芦勺子,盛放茶叶、药丸等 郑顿制　　　　　非洲葫芦勺子

韩国妇女在制作泡菜的时候,经常将葫芦作为勺羹容器使用　　　刚果葫芦勺子

葫芦勺　张雷制

葫芦瓢

葫芦瓢是用葫芦干壳做成的体积较大的勺，通常直径5—30厘米，根据其直径大小分别叫小瓢、大瓢。葫芦瓢是我国古代民间常用的一种舀水工具。作为盛器工具，葫芦瓢可以舀水，也可以盛米、盛酒、盛药、盛粟，酸的甜的苦的辣的都可盛装。葫芦瓢是中国的，也是全世界的，它是全世界最普通、最古老、最常见的一种日常生活盛器之一。

笔者儿时锯开的
葫芦瓢至今仍在使用

韩国葫芦瓢和筛子挂在一起

俗语"按下葫芦浮起瓢"说的就是这种葫芦瓢。中国古时民间的瓢都是用老葫芦剖成两半后制成的，相当现代的舀子。葫芦瓢经久耐用，而且人们盛水用的都是大水缸，这种瓢放在水缸里不会沉下去，是浮着的，随用随取。另外，葫芦不仅清热、解毒、消黄疸、通结石，而且做瓢舀水能软化、净化水质。同时，瓢也是计量工具，是日常生活中流传于老百姓之间的一种非标准的量器，如加几瓢水、倒几瓢面等。古有蠡升，就是指容量一升的瓠瓢；蠡勺就是指一瓢勺。

　　笔者至今仍然清晰地记得在山东度过的"童年锯瓢"的往事。外祖父家的院子里种了几颗瓢葫芦。秋天来了，被霜打过了几次的葫芦秧子和叶子都蔫了。葫芦叶子落了一地，挂在秧子上的葫芦开始渐渐由绿色变成白色。外祖父把葫芦连根拔起，让葫芦倒挂在秧子上停留一段时日，这样能保证瓢葫芦不裂纹。外祖母每天都用手指甲掐掐葫芦，掐不进去时，说明这只葫芦足够老了。摘葫芦时，外祖父站在椅子上伸手用剪刀把老葫芦剪下来，用破碗片把葫芦表面那层白色的外皮刮掉（类似于给土豆去皮），用木工用的墨斗在瓢葫芦正中间画出一条黑线，把葫芦放在两腿中间，拿着农村的木锯沿着线小心地锯开。锯开后，用勺子、瓦片等刮出里面的瓢子。然后将葫芦种子抠出来放在太阳底下晾晒，到了冬天可以榨油点烛，还可以做瓜子吃。锯开的瓢放到烧开热水的铁锅里闷着煮熟，一方面是为了杀虫，另一方面是煮过的葫芦更加坚硬。煮过之后的瓢放到太阳底下晾晒。在晾晒时，最好在葫芦瓢上蒙上一层纱布（蒸馒头的无纺布即可），风大了容易把葫芦吹裂。晒个把月，葫芦瓢就晒好了，用猪油或者花生油把葫芦壳子内外都涂上再晾干。这样葫芦瓢就算做好了。我们常常看到老人把葫芦瓢轻轻地在灶台、炕沿上磕几下，听见清脆的回响，就能用了。后来我问外公，为什么要在灶台、炕沿上磕几下，外祖父告诉我，这是一种祖传下来的仪式，是告诉祖先，有葫芦瓢用了，就是生活有着落了。这是一种齐鲁大地上很传统的民间祈福仪式和祭拜祖先的方式之一，这种磕葫芦的场景笔者后来在山西、河北等地调研时也遇到过。葫芦瓢经久耐用，不摔不踩，可以用几十年甚至更长时间。

同时，这种瓢葫芦也是一种葫芦招幌。旧时商店门口都挂葫芦，卖啥就在葫芦上写啥，例如卖酒的店家就在葫芦上写个"酒"字。

打瓢

在旧时代，挑货郎走街串巷打瓢卖货，他们挑着的都是老百姓最常用的日用杂货。挑货郎用一个小藤条或者细木棍敲打着瓢盖，招引客户。打瓢也是个技术活，要想声音好听，就得打到"瓢点"上，俗称"打瓢点"。

笔者在葡萄牙里斯本世界手工艺博览会上还看到一种类似"打瓢"的乐器，就是在长柱形的葫芦表面雕刻几道"锯齿"浅线，用一根木棍拨拉有凹槽的葫芦表面以发出声音。

国外打击乐器吉罗，类似于国内打瓢，常见于拉丁美洲

葫芦盆

与葫芦瓢不同，葫芦盆通常是直径 40 厘米以上的大圆葫芦或者大扁圆葫芦一分为二制成的。做盆的葫芦都是些形态匀称、左右对称的单肚圆葫芦，这种葫芦常见于韩国和非洲大陆、大洋洲

及南美洲的国家。这种葫芦盆在非洲主要用来和面、装小米粉、面粉等。在我国北方省份也有少量葫芦盆使用的情况。

从上往下依次为葫芦瓢、葫芦勺子、葫芦盆

非洲驮着葫芦瓢、葫芦盆去赶集

非洲葫芦盆（也可以做葫芦乐器的腔体）

非洲 葫芦盆和葫芦勺子

葫芦盘

葫芦盘，指盛放物品（多为食物）的浅底的葫芦器具，比碟子大，大多为圆形。用盘子盛菜时，夹起菜来比较方便，散热也比较好。在人类社会的餐饮史上，葫芦盘曾是常用的餐具之一，除葫芦盆以外，人类先民就用它来盛食物。现在非洲大陆、拉丁美洲和大洋洲的土著居民仍有使用葫芦盘子的遗迹，比如在夏威夷群岛，人们有时从大葫芦切下来许多侧面，用来制成大浅盘。

葫芦果盘　　　　　　葫芦果盘　张雷制　　　　葫芦果盘　丰博制

葫芦果盘　丰博制　　　　　　葫芦果盘　张雷制

　　大浅盘的制作非常简易，尺寸多种多样，一些破旧的葫芦鼓、葫芦盆，或者任何一个大葫芦、圆葫芦、瓢葫芦，都可以作为大浅盘的制作材料。当地人用大浅盘来盛放肉类、鱼类和其他物品。哈佛大学有一个葫芦大浅盘标本，长度为12.75英寸，宽度为0.5英寸。该葫芦大浅盘标本是美国著名科学家亚历山大·阿加西于1885年在欧胡岛上收集到的。另外，南方群岛的居民还将葫芦纵向切开制成大浅盘（见《南太平洋地区的葫芦文化》第45—46页）。另外，葫芦还可以做成果盘，也常用于日常生活中。

葫芦提篮

　　葫芦提篮，顾名思义就是有提梁的葫芦篮子。葫芦提篮通常选用大瓢葫芦、圆葫芦、大亚腰葫芦等，锯开口，镶上葫芦盖或者其他盖子，葫芦篮子外壳用柳条、竹篾、动物皮毛等编织围绕而成，配有提梁。提梁通常为麻绳、竹子、柳条等，编织时遵循一定的图案规律，或是几何不规则形状，还可以辅之以彩绘、火画、漆艺等。因为有了提梁，葫芦篮子携带起来就方便多了，可担可挂可背。

　　新西兰的毛利人是波利尼西亚地区使用葫芦提篮最为广泛的人群。他们用体积较大的葫芦制成葫芦提篮，葫芦茎部被切掉以形成开口，在开口的上方镶嵌着一个雕刻精美的木头嘴，外面又用编绳编织成篮子包裹，下面由三根木腿支撑，木腿上方以羽毛装饰。有时候，葫芦提篮的下方也有四根木腿支撑。这种精美的葫芦提篮是用来盛放蜜雀鸟肉的，还可以把鱼切成条，然后加上酸橙汁拌匀后将其晾干，最后将鱼干装入盛满酱汁的葫芦里保存。葫芦提篮的鱼干在酱汁里腌制一两天后，味道会更加鲜美（见《南太平洋地区的葫芦文化》第46—47页）。

夏威夷葫芦提篮　　　　　　　　南太平洋地区葫芦提篮

　　这种葫芦提篮的用法在国内外各民族之间几乎是通用的。我国云贵高原也有类似的用法，除此以外，葫芦提篮还用来装谷物、粮食、种子、鸡蛋、茶叶、干果，等等。因为有提梁，就能挂在高处的房梁上，防鼠防潮。

　　还有一种葫芦网兜的用法，就是把葫芦瓢、葫芦盆、葫芦碗直接套在网兜里悬挂起来。带网兜的葫芦主要是装食物，也相当普遍和实用。因此，笔者认为，这类葫芦盛器的另一主要作用是作食盒，即装食物的盒子。葫芦提篮和葫芦食盒没有本质上的区别，都是盛放物品，取决于主人的使用习惯。

葫芦提篮　　　　我国广西瑶族　　非洲的葫芦提篮
　　　　　　　　的葫芦提篮

葫芦漏斗

　　葫芦漏斗是一个筒形物体，常被用于把液体及粉状物体注入入口较细小的其他容器。在漏斗嘴部较细小的管状部分可以有不同长度。葫芦漏斗通常用容易做成沙漏状的油锤葫芦、三亭葫芦、长柄葫芦等制成，葫芦漏斗常见于厨房、油坊，在山西乔家大院至今还保存着几个葫芦漏斗。长颈漏斗是葫芦漏斗的最常见形式之一。南太平洋地区的夏威夷人用葫芦漏斗向壶口较小的葫芦水壶里倒水。毕晓普博物馆至今还保存着几件葫芦漏斗标本（见《南太平洋地区的葫芦文化》第 85 页）。

越南葫芦漏斗

漏斗　张磊仿造

葫芦过滤器

　　另外葫芦漏斗还可以被改成葫芦筛子，当作过滤器使用。夏威夷人在制作卡瓦酒时，需要使用过滤器将卡瓦根的木质纤维过滤掉。有时候，夏威夷人会向葫芦漏斗填入一些植物纤维，将其用作过滤器。美国东南部印第安人的葫芦漏斗也有双重用途，不过使用方法略有不同，他们向漏斗内塞入一块棉布。现代的厨房用的筛子厨具大约就是受此启发改良成功的（见《南太平洋地区的葫芦文化》第86页）。这种用法在我国贵州茅台镇就有鲜活案例，早期的酿酒师就是在葫芦漏斗上放几层纱布滤出酒中的杂质。

葫芦矿灯 / 葫芦灯罩

北美的拉帕汉诺克人用葫芦制作灯具，在葫芦里装满黏土，并加入由粗木和松木制成的灯芯。远古时代，葫芦作为装煤油、豆油的容器，加上灯捻就可以做成葫芦烛灯。伴随着科技的发展和现代照明技术的提高，目前葫芦作为灯具装饰物居多，也有一些葫芦灯罩仍然在使用。

我国煤矿的开采历史悠久，可以追溯到宋代以前。葫芦矿灯作为一种轻巧灵便的照明工具，在很多矿场都有使用记录。比如在我国辽源市，就流传着一种葫芦做的"灯虎子"，葫芦上放灯捻的地方用泥巴裹上，以免烧坏漏油。

峰峰煤矿葫芦矿灯　国家博物馆藏

小葫芦夜灯　葫芦工坊小元团队制作

葫芦灯罩

葫芦灯罩作品《福禄寿》

葫芦箱

葫芦可以用来盛放衣物，起到箱子的作用。夏威夷群岛的居民利用葫芦制成了两种类型的葫芦箱子（在笔者看来和葫芦提篮类似，但夏威夷葫芦学者单独做了区分）。第一种葫芦箱子很像葫芦提篮，体积较大，重量较轻，外面套着一个网。

葫芦箱子、食盒

这种葫芦箱子，在出行时用来盛放衣物，在家里又可以悬挂起来盛放其他生活用品。另一种葫芦箱子，只能做日常储物箱，它的外壳包裹着精美的编织品，容量大，更加结实。人们外出时，可以一个扁担挑两个葫芦箱子。一个葫芦箱子盛放食物，另一个箱子盛放衣物和各种私人物品（见《南太平洋地区的葫芦文化》第47页）。

我国北方省份的大瓢葫芦也能制成葫芦箱子，可以贮存毛衣、绸缎，经久不蛀虫，不褪色，这是因为葫芦箱子透气不透光，能保持干燥。现代生产技术提高了，中国、日本等国家的葫芦爱好者们正在应用范制工艺，对大瓢葫芦进行范制种植，估计很快就有大容量的葫芦箱盒出现了。

葫芦头枕

在埃塞俄比亚的奥罗莫山谷，人们用一种特殊的葫芦做头枕。这种葫芦头枕在这个地区的部落中非常普遍。当地土著家的墙壁上挂着许多这样的头枕，皮带系在葫芦上。带子很硬，油腻，一侧开裂。在头枕上刻有一个连接在一起的交叉阴影三角形图案，用于装饰头枕。我国台北故宫博物院现在有一件北宋定窑白瓷孩儿枕，高 18.8 厘米，底径 31×13.2 厘米。天津等地的葫芦匠人成功地利用范制工艺种出了造型类似的孩儿枕，形象逼真，价值不菲。

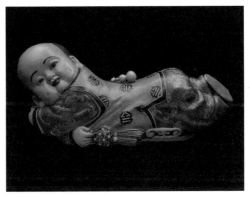

埃塞俄比亚土著头枕　　　　范制匏器葫芦孩儿枕　张洪汉种植范制　刘兴会醒烫　邱兴运收藏

葫芦烟具

　　葫芦作为一种天然的烟具载体，历史悠久，种类繁多。葫芦烟具主要分为葫芦水烟袋、葫芦烟枪、葫芦鼻烟壶。水烟袋在我国云贵高原少数民族聚集区常见，葫芦烟枪则常见于京津冀和东南沿海一带。在非洲大陆、美洲等地，葫芦烟具也大量存在。

　　吸水烟是中国传统的吸烟方式之一。水烟可以通过水烟袋的水烟筒吸食。

金学阳针刻微雕作品《观音》葫芦鼻烟壶

水烟袋和水烟筒都是通过用嘴吸袋和筒里的清水，使里面产生负压，而使烟气通过水吸入口中的，吸食时发出"咕咕"的声音，据说这样能减少有害成分。烟袋烟筒如果盛白砂糖，吸出的烟就会有甜隽之味；盛甘草薄荷水，则可以清热解渴。

鼻烟壶在中国和阿拉伯诸国都曾流行，多以细腰葫芦制作，本书将在后文单独介绍。范制的葫芦鼻烟壶，有扁壶、圆壶、方壶，上面一般绘有花草、人物、动物等形象。

笔者多次到云南少数民族地区收集茶叶和葫芦的相关资料，在不同的少数民族村落看到过各种各样的葫芦水烟枪，倍感新奇。在牟定县彝和园一家客栈庭院里发现了一个彝族人特有的葫芦水烟枪。

19世纪南非鼻烟壶

18世纪后期南非祖鲁人鼻烟壶

亚腰葫芦（八字形）、棒子葫芦（直筒型）、小瓢葫芦均可以做成烟枪（烟袋）的烟腔，或装水，或装烟雾等。在云南水烟筒至今还可以看到，而水烟袋则比较少见了。在云南农村，上了年纪的老人，抽的多是葫芦形的水烟筒。劳累了一天的人们，三五成群地聚在一起，怀里抱着一只水烟筒，旁边放一包烟丝，咕噜咕噜，一边聊着田间地头的庄稼长势、左邻右舍的婚丧嫁娶，一边传递着水烟筒，你来几口，我来几口。

祖鲁人　葫芦烟斗　　　　　　马克·吐温与葫芦烟斗 1907 年

在非洲和阿拉伯半岛交界处的南苏丹地区比较常见一种葫芦烟具，用葫芦、竹子、黏土等制成。这种形状的葫芦烟具在中国叫"大烟袋子"，类似物件也不少。

烟斗是当今世界上最受欢迎的吸烟工具之一。利用装满水的蓄水腔来冷却烟雾是一项非常巧妙的发明，适合生活在温暖气候中的人们使用。这种水烟设计简单，通常它有一个茎杆，末端是一个装满水的葫芦容器。在这个葫芦做成的蓄水腔上方是通往吸烟者口腔的第二根茎管或软管。吸烟者通过吸管从水里吸出烟丝中的新鲜烟雾。水起到了过滤烟雾有害物质的作用。随着时代的变迁，蓄水腔也从葫芦材质变成了陶瓷、椰子壳、玻璃等材质。

非洲葫芦烟斗　坦桑尼亚　约 1950 年　　　　葫芦烟斗　张雷制

　　埃塞俄比亚、坦桑尼亚的人们，尤其是妇女，喜欢用大葫芦制成的水烟袋抽烟。这种葫芦烟具在非洲其他部落也非常普遍。在中国，各式各样的烟斗层出不穷。烟斗的外面或镶嵌金银珠宝，或饰以雕刻、掐丝、景泰蓝，工艺非常精美。烟枪、烟袋、烟斗等常常被能工巧匠们辅以精美的设计，鸦片战争后，这些精美的烟枪、烟袋、烟斗在欧美国家流行，成为非常受欢迎的东方艺术收藏品，珍藏在几十个国家的博物馆里。但是在云贵高原、青藏高原的少数民族聚集区还依然有着庞大的葫芦烟斗使用群体。这和非洲大陆、美洲大陆、夏威夷群岛的葫芦烟斗爱好者及使用者们遥相呼应。尽管工业文明代替了传统手工业，但葫芦烟斗作为少数民族部落文化遗产依然被保存了下来。

　　欧洲也流行收藏葫芦烟斗，目前在荷兰阿姆斯特丹烟斗博物馆里还珍藏着大量的葫芦烟斗。笔者购买了以下葫芦烟斗图的版权，以飨读者。

这些葫芦烟斗主要来自坦桑尼亚、南非、肯尼亚、比利时、英国等国，它们展现了葫芦烟斗在非洲、欧洲的使用及制作工艺。

葫芦烟斗图　荷兰阿姆斯特丹烟斗博物馆提供

尼日利亚　葫芦烟斗图　　　中国文玩葫芦改造的葫芦烟斗　刘日东收藏

颜料盒

据《南太平洋地区的葫芦文化》记载，在复活节岛上，人们将人体彩绘所用的黄色或者橘色染料盛放在葫芦里。人们还将文身时所用的黑色颜料放在葫芦里。其实，很多有文身习俗的地方都有用葫芦装文身颜料的习惯，比如以赞比亚等为代表的非洲国家。

雕刻工艺葫芦盒

雕刻工艺葫芦盒

鸟食罐

据《南太平洋地区的葫芦文化》记载，在复活节岛上的居民用葫芦鸟食罐喂食家禽，当地人迷信地认为，用它来喂食家禽大有裨益。我国也有专门驯鸟放鹰的一种鸟食罐，选用细小狭长瓜式葫芦制作鸟食罐，葫芦下肚开小口，内涂大漆，通常装粮装水。清后期，也有能工巧匠用葫芦巧制鸟食缸，其上浮雕梅花纹，琢刻细腻，制作工艺精湛。

精油葫芦

　　另外，用葫芦装芳香精油在世界上很多地区都有应用，新西兰甚至还有一种装芳香油和胭脂的小油葫芦。比较讲究的人会将盛有芳香油的小葫芦放在厕所里，以清除异味（见《南太平洋地区的葫芦文化》第 39 页）。在欧洲地中海沿岸、非洲大陆都有装精油的葫芦用于美容养颜、净化空气。非洲有一种精油葫芦主要用于装指甲油、香料等。

一个由葫芦制成的香料盒，顶部为银质，装有丁香，瓶塞上刻有 17 世纪的纹章

装乳木果油的葫芦

葫芦烛台

　　笔者在欧洲发现过一种葫芦烛台，即把装有蜡烛的杯子放进葫芦里，通常用一些南瓜葫芦来做烛台。我国也曾有类似的葫芦烛台文物，现在珍藏在英国维多利亚博物馆。这种葫芦烛台是一种倒置八不正范制葫芦，上面有一个莲花形状的大漆工艺烛台杯，用以盛放蜡烛。

葫芦烛台　徐浩然设计　　　　　　葫芦烛台　徐浩然设计

葫芦钱包

在秘鲁，有一种葫芦钱包工艺品，也可以用作葫芦储物罐，装一些钱币等。国内也有儿童玩具叫葫芦存钱罐，把葫芦挖一个口，小孩子把压岁钱放进去。

秘鲁工匠制作的蝴蝶图案葫　　　　　牙买加葫芦钱包
芦钱包

葫芦储物罐

　　非洲部落艺术的成就曾在 20 世纪风靡欧洲，让许多欧洲艺术家和收藏家着迷。从安德烈·布雷顿 (André Breton) 到毕加索 (Picasso)，所有人都陷入了购买非洲艺术品的热潮。法国手工业协会会长雅克·安克蒂尔 (Jacques Anquetil) 在《非洲：世界之手》中葫芦及其用途一节（第 114—125 页）介绍了他在马里收集的日常用品。有一种葫芦储物罐，用于储存药材、种子、蜂蜜或牛奶，表面涂有油脂。法国人将它命名为 Senoufo，主要由分布在马里、象牙海岸和布基纳法索的农民使用。

　　装有铁铰链和锁的墨西哥葫芦容器。以花卉和几何图形通过雕刻工艺作为整体框架，葫芦中间雕刻装饰有森林动物和两只双头鹰交替的图案，葫芦顶部以花卉为中心，周围有七片"花瓣"，这些"花瓣"将葫芦容器的盖子围成一圈

马里葫芦储物罐

埃塞俄比亚葫芦容器，主要用于
储存食物、水、黄油、蜂蜜或牛奶

葫芦储物罐　徐浩然设计 张雷制作

葫芦牙签筒

当下，葫芦作为牙签筒在我国较为常见。通常直径不同的葫芦用途也不同，比如高度和直径尺寸较小的一般用于制作牙签筒。牙签筒的外皮通常通过烙画、雕刻、范制花纹等工艺来进行装饰。葫芦牙签筒虽是不起眼的餐饮用具，但在我国传统工艺美术领域却是非常珍贵的雅器，既实用，又有文玩把玩之效果。

葫芦牙签筒

葫芦香桶

在我国，葫芦香桶有庞大的使用人群，并分为很多派别，如苏作、海派、津门、京派等。香桶采用范制葫芦制作圆桶，内嵌竹子，口盖也极为复杂和名贵。葫芦香桶曾是名门望族的把玩实用之器。葫芦香桶的外皮通常通过烙画、雕刻、范制花纹等工艺来进行装饰。

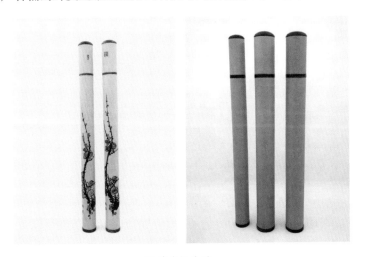

葫芦香桶系列

针线盒

现代生活中，还有用葫芦作针线盒的。把晒干的葫芦锯开，掏空种子，洗干净内壁，就能做成针线盒。在农村，妇女们使用葫芦针线盒的频率非常高。她们会放一些做针线活的工具在瓢里，甚至直接把针插在葫芦上，方便取用。

葫芦针线盒　工具盒

漏瓢

许多人用葫芦瓢舀水、盛粥、挖面，或者在葫芦腹部开个圆孔，凿上条孔，做成漏瓢，制作粉条、粉丝。在京津冀地区农家你会发现当地农民至今仍然在使用葫芦漏瓢制作传统粉丝。

漏瓢是将半个大葫芦瓢的底锯掉，铆上一块有十来个粗孔的铜片。若粗孔是圆的，则漏圆粉条；若粗孔是方的，则漏宽粉条。还有一种漏瓢是将一个葫芦分成两半，直接在瓢葫芦的底部打孔，孔为四方形、圆孔形或矩阵形。制作粉条时，通过举高拉低来控制粉条的粗细。

葫芦农业工具

对于以耕种为主的农民来说，葫芦是上天恩赐的天然容器，日常生活缺不了它。我国民间种植的葫芦主要有短颈葫芦、细颈葫芦、亚腰葫芦、瓢葫芦等多个品种，各有各的用途。葫芦分苦、甜两种，甜葫芦青嫩时可以食用，对某些疑难病症患者来说是理想的食疗佳品。苦葫芦则是上等的药材，其外壳坚硬，外壳粉碎以后可以作为中药材。

非洲肯尼亚雕刻工艺葫芦瓢外壳雕刻线条或者图案，用贝壳进行装饰，非常精美，艺术性强

在乡下农民庭院里经常会有爬满葫芦藤蔓的木架，架下结满了大小不等的葫芦。人们在房前屋后种植葫芦，一是不占土地，节约地方；二是为了避蝇驱蚊，据说葫芦藤蔓发出的气味能使苍蝇远遁，驱赶蚊虫；三是为了葫芦的使用价值和经济价值。葫芦成熟以后晒干木质化，中空外坚，壳硬，可以做成各种容器，广泛应用于生产、生活。

在农业生产中，葫芦的用途颇多，如用葫芦作播种工具、脱籽工具、灌溉工具、保种育种工具。

播种工具

窍瓠，一种播种农具，现在农村土话称之为"点葫芦"。北魏贾思勰《齐民要术·种葱》："两楼重楼，窍瓠下之，以批契系腰曳之。"石声汉注："窍瓠，用于葫芦做成的下种用的器具。"

"点葫芦"做法很简单：用干透的大葫芦在两头对称处各开一个圆孔，掏出葫芦籽，作为播种时装种子的容器。圆孔中插入一根木棍，木棍的上下两端都露在葫芦的外面，上端较长，为柄；下端较短，用以插入土中播种。木棍在葫芦中的部分挖有一条空心槽，一直通到最下端，种子就顺着空心槽排出。也有的不用木棍，而是用一根竹竿穿在葫芦中间，将竹节打通，这样更省事一些。播种时，将"点葫芦"系在腰间，顺着开好的沟垄走，一边走，一边用木棍敲击"点葫芦"的柄，震动葫芦中的种子不断落入沟内。"点葫芦"也可以用来点播，只要把排种口插入土中，稍加震动，种子便会流出。

笔者小时候在山东老家参加农业劳动的时候，见过"撒瓢种"。笔者的母亲把花生、麦种等放在瓢里，一手端着瓢行走，一手捻种撒种。这种播种方式非常方便灵活，适合小范围土地播种，特别是山区丘陵地带。

脱籽工具

在辽东半岛、山东半岛等地，笔者常看见老年妇女坐在炕上，倒扣一个葫芦瓢，用一根筷子在瓢背上挤压棉籽，在这里，葫芦又充当了脱棉籽工具。在山东沂蒙山地区,这种工作原理还用来"刮蜀黍"。可见葫芦是一种简单易行的脱籽工具。

灌溉工具

古时,灌溉技术极不发达,灌溉工具极为简陋,耕种比较辛苦,通常用葫芦瓢舀水、用葫芦水壶装水运水浇地。山间种植草药,不需要大面积浇灌,人们通常用葫芦水壶、葫芦瓢进行浇灌。至今在非洲大地上,还有农民用葫芦汲水运水的场景。笔者在韩国参加人参节时,还看到当地参农表演田地种植人参(园参)的过程,就是用葫芦瓢舀水浇灌人参地。

韩国人参祭表演所用的水瓢　徐浩然拍摄于韩国金山郡

韩国葫芦水桶

保种育种工具

葫芦可以盛食物、谷物、稻种等。农作物的种子，得之不易，特别害怕老鼠、鸟类等偷食。聪明的人类先民就用大亚腰葫芦、大瓢葫芦、圆葫芦等做成葫芦提篮、葫芦罐等装这些宝贵的种子，将它们悬挂在墙上、房梁上。很多山区少数民族对种子的贮存极为重视，彝族人民把粮种菜籽放在葫芦里，吊在房檐下或者房梁下。这样做的目的有两个，一是防止潮湿，使种子不易发霉；二是防止老鼠啃食。这种做法在世界上是通用的，笔者在韩国、日本、缅甸、荷兰都见到了葫芦保存种子的使用案例。

葫芦还能育种。在山东老家，笔者儿时经常看到父母拿一些黄豆种子放在一个瓢里，然后倒上一些温水泡种催芽，有时候也会把瓢倒扣在种子上"捂盖子"，后来才明白，这是利用葫芦透气保温的作用进行催种育种，效果极佳。

葫芦渔业工具

　　葫芦是最早为人类所应用的漂浮工具。古人对葫芦的漂浮性有一定的认识，葫芦的肚大腹空，具备天然的漂浮性；外壳坚硬，抗压性强，加之外表光滑、质轻，便于携带，是大自然赋予人类的理想的渔业器材。大瓢葫芦、圆肚葫芦、大亚腰葫芦被制成了各种各样的渔业工具，比如腰舟、鱼漂浮子、捕鱼工具、盛鱼的篓子等。

漂浮工具——葫芦舟

　　葫芦是天然密封物，它轻巧、结实，在水中的浮力很大，是人类最早的渡水工具之一。从历史文献上看，葫芦在先秦时期首先是重要的水上工具，《诗经》中就有用葫芦渡河的记载。葫芦成熟以后木质化，具有浮于水面的特性，中国古代有一段使用葫芦腰舟作为生产工具的历史，以大葫芦作漂浮工具，遇水时把葫芦系在腰间，潜水时可腾出手来滑行或捕鱼，显然比抱着干树枝强。

　　葫芦一直扮演着渡人的角色。《国语·鲁语下》中就有"夫苦匏不材于人，共济而已"的说法。陈世俊《番社采风图》中有一幅画画的是渡溪场面，配以诗文："舀掖葫芦浮水，挽竹筏冲流竟渡如驰。"描绘的是台湾少数民族以葫芦为舟的情形。葫芦作为渡水工具被沿用至今，还是各种水器的原始模型。

又如《琼黎一览图》题记："黎中溪水最多，势难徒涉。而黎人往来山际，必携绝大葫芦为渡。每遇溪流断处，则双手抱瓠，浮水而过。虽善泅者亦不能如捷，不可谓非智也。"黎族同胞将葫芦用藤条箍住，以防止葫芦破裂。过河时先把衣服脱下放到葫芦中，盖上盖子，然后抱着葫芦便可游到对岸。由此可见，黎族的葫芦舟，不仅仅是过河的工具，还是一种简单的运输工具。

做葫芦舟的这种葫芦，是有柄的圆形葫芦，每个很大，小的高为 40 厘米，大的高至 60 厘米，腹径一般在 30—50 厘米，通常将顶端削去，留一开口，讲究的还会做一盖，并在葫芦周身套编若干藤条，其作用有二：一是保护葫芦不受碰撞，二是便于在水中抱握。过河时，人们把衣服脱下后，通常是塞到葫芦的内囊中，盖上盖，然后抱着葫芦游渡，抵达彼岸后，再取出衣服，穿上衣服后再背着葫芦赶路。走水路的船家为了保证孩子的安全，常给孩子的腰上绑上葫芦；在海滨游泳的人，也愿意在腰间绑一个大些的葫芦，以防不测。在山西南部也有人将葫芦搭成船渡河。在甘肃兰州黄河流域还有人用葫芦做成葫芦筏子，台湾高山族则有骑葫芦过海的壮举。葫芦做成腰舟，有选用大瓢葫芦的，也有选用大亚腰葫芦的。黄土高原种出来的葫芦外壳坚硬，晒干后种子沙沙响；葫芦舟有用木板做船身，在两周各绑一排葫芦的，每排葫芦大约 8—10 个；也有用竹子、树棍编织成舟身的，四周再绑满葫芦，载一人舟通常绑 6 个葫芦，载多人舟通常绑 10 个葫芦以上。葫芦越大，漂浮性越好。

现实生活中我们也能看到很多葫芦作为浮漂工具的应用案例。

比如黄河流域的羊皮筏子的原型就是葫芦筏子。壶口瀑布附近经常可以看到农民把几个大葫芦绑在绳子上游渡过河。在电影《黄河绝恋》中就有这种葫芦救生渡水的场景。广东沿海地区的渔民也有在孩子身上绑一个葫芦的习俗，以防止孩子溺水。

鱼漂浮子

美国东南部的一些印第安人会将葫芦当作浮子使用，或系在渔网上，或游泳时系在身上。新西兰的毛利人也会将小葫芦当作浮子使用。秘鲁渔民使用干葫芦作为渔网的漂浮物。葫芦对于在海边生活长大的人们来说都有相似的用途。

捕鱼篓和装鱼容器

在非洲，葫芦还是一种捕鱼的工具，把葫芦开一个大口，可以在河里捕鱼，既是浮漂又是装鱼的容器，常见于尼日利亚等国。在我国长江、黄河、珠江等流域，也常见这种葫芦做的捕鱼工具。儿时，笔者的父亲就曾带着笔者兄弟俩去水库捕鱼，将一个大瓢葫芦放上鱼饵其沉入水中，等葫芦鱼篓发生晃动，立马跳入水中取出葫芦。这种农家

夏威夷群岛钓鱼葫芦容器
檀香山

葫芦鱼篓只能捉一些小鱼和虾米。如要抓大鱼和螃蟹，就要选取比较大的葫芦。通常选取直径 40 厘米以上的葫芦为佳。

渔具和鱼饵器具

在南太平洋地区的夏威夷人用葫芦盛放渔具和鱼饵，有两种常见的葫芦盛器类型。第一种葫芦盛器下小上大（下部为一个小木碗或者小葫芦，上部为一个大葫芦盖）；第二种下大上小（下部为一个大葫芦，上部盖着半个小葫芦）。盖子上开有 3 个小孔，用于穿绳悬挂葫芦盛器。有足够的证

夏威夷群岛装渔具的葫芦容器

据表明，在旧时只有比较富裕的夏威夷职业渔民才会使用葫芦容器盛放渔具（见《南太平洋地区葫芦文化》第 50—51 页）。

葫芦医药容器

常言道"葫芦里装的什么药"。

吴森吉博士在其《葫芦在中国文化上的用途》里写道："葫芦中所装的都是起死回生的万灵药。所以自古就传有'悬壶济世'这句话。"

翻阅古代典籍，我们会发现古代医学家孙思邈扛着锄头去采药，锄上必挂一个药葫芦。古代道家仙人行医炼丹，手里都拿着药葫芦。很多神医、神仙、高人在小说故事里都背着葫芦或腰悬葫芦，如安期生、铁拐李。尹喜炼丹时有四种用具，其中就有葫芦，以贮存炼丹原料。葫芦本来只是装药之用，久而久之，也就成了道家的标志。

同时，需要指出的是，葫芦本身就是一种药食同源的药材，葫芦分为甜葫芦和苦葫芦，甜葫芦可以食用。苦葫芦的外壳可以捣碎做成中药，或煮水或研成粉末使用，在很多医方医书上都有记载。

药葫芦

用葫芦装药是伴随着葫芦的医药应用发展起来的。葫芦外壳本身就是一种药材。慢慢地，人类先民发现葫芦装药也非常合适。

因为葫芦本身就是现成的容器，极少需要加工。刚开始人类采集药材就是用葫芦装的，药材需要避免潮湿，葫芦就是最佳的选择。后面，人类先民在医学活动中总结和发现，用葫芦保存药物比其他质地的容器如木器、铁盒、陶罐、绸缎盒等更好。因为葫芦具有很强的密封性，潮气不容易进入，能保持药的干燥，不致药物损坏变质。因此，药葫芦就这样沿用至今。

据《后汉书·方术列传》记载，河南汝南县人费长房看到市集上有一老翁"悬壶于肆"卖药。这老翁自称是神仙之人，邀费长房进入壶中饮宴，此壶中别有天地。之后，道教就把仙人所居的仙境称为"壶天"，中国社会科学院民族研究所的资深研究员刘尧汉考证出古代以葫芦为壶，壶即葫芦，"悬壶济世"也就是"悬葫芦济世"。医学治病救人为济世之术，"悬葫芦济世""悬壶济世"，把葫芦文化与中医学紧密关联在一起。通常我们所说的"葫芦里卖的什么药"，就是把葫芦作为装药的容器。

肯尼亚药葫芦　　　　　铁拐李画像

　　另外，葫芦在药用方面，有记载的药方从汉唐到明清数不胜数，先人经过世世代代的尝试，逐步发现、总结出它多方面的药用功能。仅从《本草纲目》《普济方》中即可领略葫芦药方的繁多。

　　葫芦的医药功能被神化，并产生了深远的影响，成为治病去灾的寄托。

　　非洲还有一种药葫芦非常有特色，药葫芦的塞子通常刻画成各种神像、人物形象等。这种药葫芦主要装名贵的草药、药品及神灵象征物，用于药物治疗和精神治疗。塞子上的神像主要是用来通灵的，它们还可以作为助记符来帮助草药师或区分药材（《坦桑尼亚艺术》第 161 页）。还有一种部落的药葫芦采用珠子编织，把药葫芦包裹起来，以衬托药葫芦的名贵和重要性。

　　另外，非洲的药葫芦普遍有通灵祈福的用途。

萨满为患者施法通灵
亨利·斯库克拉夫特（Henry Schoolcraft）1857 年出版的一本书里的版画。

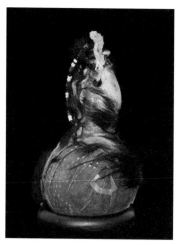

津巴布韦的绍纳占卜师的药葫
芦，上面覆盖着毛皮　　　坦桑尼亚药葫芦

从埃塞俄比亚到南非以西，再到东非大部分地区，葫芦被种植成有用的形状，挖空并制成容器。在传统社会中，它们经常挂在柱子上和小屋的墙壁上，里面存放着发酵饮料、蜂蜜、药用丹药、香料粉末等各种物品。在非洲传统医学领域，当谈到葫芦装药时，当地人认为葫芦不仅仅是一个容器，他们认为中草药的有效性需要精神支撑。出于这个原因，特别是在坦桑尼亚，药葫芦就显得格外特别，巫医在设计药葫芦的时候就要赋予它特别重要的形象，要让药葫芦看起来很重要。因此用珠子、贝壳和其他装饰品来装饰，并总是用雕刻的塞子封闭药葫芦。这些塞子可能是人物的或动物形象的雕刻作品。下图展示的药葫芦是祖鲁草药师 Meshack Zwane 使用的一组药葫芦。

使用带有人形塞的药葫芦在坦桑尼亚更为典型，在非洲南部、津巴布韦、马拉维、南非和斯威士兰也有使用。男性或女性的药

物会装在这样的药葫芦里。每个药葫芦都装有不同的具有治愈能
力的药物。

祖鲁药葫芦 　　　　　　坦桑尼亚药葫芦 带有编织
　　　　　　　　　　　　纤维覆盖物、珠子和木制人形塞
　　　　　　　　　　　　（《坦桑尼亚艺术》第 161 页）

灌药器

　　笔者在参观首都博物馆的时候，曾碰到
一枚魏晋南北朝时期用石头制作的葫芦形灌
药器。后来在研究南太平洋地区的葫芦文化

灌药器 张雷仿制

时，发现了同款的葫芦材质的注射器（灌药
器）。夏威夷人会使用灌肠的方法来达到排空
小肠的目的。灌肠时所使用的注射器，一般
采用葫芦的上端制成，后来，也用竹子、牛角，
甚至是石头制成。葫芦注射器的外形呈漏斗
状，较小的一端（葫芦茎端）会有一个小孔，
另一端则有一个大口。灌肠时，病人低着头

医药葫芦容器坦桑尼亚

跪在地上，巫医将注射器较小的一段插入病人的肛门，往另一端用力吹气，将液体注入病人的小肠。所注射的液体，通常是黄槿树皮浸泡过的温水（《南太平地区的葫芦文化》第 84—85 页）。此类应用方法在非洲的巫医文化、我国西南地区的巫医文化中都有所体现。我国的葫芦灌药器主要用于为病人灌药喂食，后来这种药具就被汤匙及现代化的医学工具替代了。

闻药 / 鼻烟壶

鼻烟是一种用来闻的粉末状烟草，15 世纪传入欧洲宫廷开始流行。西班牙和葡萄牙的探险家都发现了鼻烟壶在加勒比海和巴西使用。葡萄牙人将鼻烟引入中国、日本和非洲，而西班牙人则开始在欧洲大规模制造生产鼻烟。欧洲人和中国人都认为鼻烟具有治疗作用。在中国，鼻烟属于闻药，供鼻闻，有清香爽身作用。当时人们认为鼻烟可以治疗普通感冒，因其能够缓解头痛，法国国王亨利二世的王后凯瑟琳·德·美第奇将其重新命名为"女王的草药"。

盛放鼻烟的容器在形式、材料和装饰方面代表了一系列与各自文化相适应的需求和价值观。在中国，鼻烟容器采用玻璃和范制葫芦材质的居多，可以很容易地放在袖子里；相比之下，欧洲人更喜欢用口袋大小的盒子来装一天的鼻烟；而东非、肯尼亚和坦桑尼亚的鼻烟壶则有长肩带，可以肩背。它们是便携式的，而且大部分体积都很小，可以很容易地握在手里。

在亚洲，中日两国的鼻烟壶文物和历史文献资料都非常丰富。笔者的老家山东有一个著名的药店——长春堂，是乾隆末年由山

东招远人游方郎中孙振兰创建的。孙振兰先开一小药铺卖闻药(供
鼻闻,有清香爽身作用)。以后振兰之孙三明为抵制日本闻药"宝丹",
研制成新型闻药"避瘟散";后为抵制日本闻药"仁丹",又研制成"无
极丹"。于是该店声名大扬,生意日益兴隆,在天津、太原开设分店,
今仍保持原店名。

葫芦鼻烟壶　波士顿
儿童博物馆藏

疙瘩葫芦做
的鼻烟壶　非洲

非洲祖鲁人鼻烟壶　鼻烟
壶被非洲南部的男人和女人作
为配饰佩戴。这个鼻烟壶的价
值通过在其装饰中使用的细黄
铜和铜线体现出来。因为祖鲁
人在当地无法获得铜,必须通
过交易获得

葫芦药勺

古时的药材多加工成丸、散、膏、
丹、汤等状,所以会用到葫芦药勺
(汤匙)取用。这种药勺通常采用瓜
条葫芦、长柄葫芦制作。

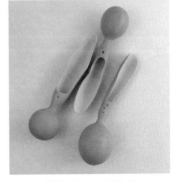

葫芦药勺　郑顿仿制

葫芦艾灸

　　所谓葫芦艾灸，就是把葫芦制成温灸器，在穴位区域进行温灸，操作方便，外形美观。总体来说葫芦艾灸起到了温经散寒的作用，能治疗寒痹、风寒湿导致的各种痹痛，以及寒邪导致的脏腑疼痛，还有活血化瘀、益气固脱的保健作用。

　　制作葫芦艾灸通常选用原产地来喷洒农药的原生葫芦。葫芦艾灸在中医院、美容院中较为常见，多用于背部艾灸和全身艾灸。

葫芦艾灸　张玲提供

葫芦军事工具

旧石器时期，葫芦就已经是人类先民防身御敌的重要工具之一。葫芦在军事战争中有多种用途和花样，比如冲阵火葫芦、火箭葫芦、飞雷葫芦等。

我国名著《武备志》卷一百三十《火器图说》："鑫类葫芦，中为铳心，以藏铅弹，葫内毒火一升，坚木为柄，长六尺，用猛士持放，与火牌相间列于阵前，马步皆利。"在古代，这种"冲阵火葫芦"显然就算是较为先进的武器了。不过后来这种武器只保留了"火葫芦"之名，而将火药、铅弹装入铁葫芦或铜葫芦之中。用天然葫芦制作的火器，至今还在一些少数民族中使用。像彝族、侗族的

秘鲁吹枪／飞镖枪　装饰品

"火药葫芦"就是在小瓢葫芦中装入火药、铅弹，引着火后用力掷向敌阵，颇似一颗威力很大的炮弹。

蒙古族还有一种箭筒也是用葫芦做的。笔者在日本访学时看到了这种长条葫芦做成的箭筒，内外壁都经过了大漆处理，不仅

美观，而且还有很强的实用性。

中国贵州从江县岜沙苗寨被誉为"中国最后一个枪手部落"。成年岜沙男人有"三宝五备"，"三宝"是户棍、火枪和腰刀；"五备"是酒篓、烟管、葫芦、腰包和花袋。平时枪筒内没有火药，而是装在随身携带的葫芦里。腰刀、酒篓、葫芦、烟管和腰包环绕在男人腰间，使男人看起来像武士。

火药葫芦

葫芦作为天然的容器，装上火药就是最佳的炮弹模型。这类火药葫芦通常需要投掷，适合埋伏和远攻。我国云南省哀牢山地区的彝族同胞曾经独创过一种手雷葫芦，号称是现代手榴弹的鼻祖。为了狩猎方便，彝族人把火药装进葫芦里，见到野猪、羊、鹿等野兽，就扔这种手雷葫芦，效果很好。小亚腰葫芦、小瓢葫芦都非常适合制作这种手雷葫芦。

印度尼西亚苏门答腊岛火药葫芦
艾米·沃辛提供

越南火药葫芦

葫芦火药

古代战争中常用的一种葫芦
火器。右侧的葫芦有毒

火药葫芦　日本刀剑博物馆

爱尔兰火药葫芦

冲阵火葫芦

　　冲阵火葫芦其实就是原始的火枪或者火焰喷射器，制作起来
很简单。将大亚腰葫芦固定在木棍或者竹竿上，葫芦内部装入火药、
铅弹、留火线。作战前，点燃火药，铅弹就会从葫芦口冲出，飞
出好长一段距离，可以射杀或者烧伤敌人，燃烧时的烟雾可以惊
吓马、兽和掩护自己，可用于进攻和防守。同一原理，还有一种
对马烧人火葫芦。其制作步骤如下：选择外壳坚硬的葫芦，将纸灰、
火硝、硫黄等按照一定的比例混合搅拌，灌进葫芦里，将火种烧
红放进去，再用干燥的麻布塞住葫芦口，收好贮存以备急用。这
种火葫芦的外壳大多都涂以黄泥、紫土、盐巴等混合而成的泥巴，

泥巴大约 2 厘米厚，晒干后再用麻布上一层生漆。这种火葫芦看似简单，制作起来却相当麻烦。随着化学工艺的发展和防火耐温材料的兴起，火葫芦逐渐退出历史舞台。

 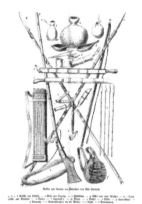

装有火药的壶状冲阵火葫芦，需要手持，用于近攻和防卫。此图出自《火龙井》

图为我国台湾南部地区的武器和工具。在反映台湾同胞反抗日本侵略的战争电影《赛德克·巴莱》中有很多使用葫芦的镜头

箭筒和箭袋

葫芦还可以作为弓箭手的箭筒（箭囊）和箭袋。葫芦里主要放棉花或者毒药。目前国外的土著居民仍在使用。

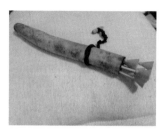 

葫芦箭袋（装飞镖和弹药）

葫芦飞镖

配合弓箭使用的葫
芦，内装棉花

箭筒和葫芦 匹兹堡卡内基博物馆藏

厄瓜多尔箭袋套装 包括带有切割装饰的竹箭袋，
圆葫芦里装棉花或者蟾蜍毒素等

达雅克部落的葫芦
箭袋，内装毒药

纵火箭

我国唐代曾有一种纵火箭，也是世界上最早的火箭模型之一。据唐代李筌的《太白阴经》记载，以小瓢葫芦（圆球葫芦）盛满油贯穿箭端，射到城楼的橹板或者木门上。瓢破油散，以火箭射到油散处，立即着火，可以用于攻城。

宋代改良了这种火箭葫芦，直接用纸张、麻布团裹成圆葫芦形，用松脂固化纸糊，这种放火的箭火力猛，可以批量化生产制作，是攻城和劫营的好帮手（见《葫芦的奥秘》第 90 页）。

主将指示物——千成葫芦

千成葫芦是一种富有寓意的指示物（这种指示物又称马印、马标）。日本战国时代、安土桃山时代大名（类似于中国的诸侯）丰臣秀吉曾用此指示物作为主将的标志，自此之后，丰臣秀吉每次率军作战，战场之上都会竖起千成葫芦这一马印。

千成葫芦采用植物的名字和造型，也叫作千成瓢箪、多子葫芦，它的寓意是成百上千次的成功。如今，千成葫芦也象征非常成功和无穷的福禄（葫芦谐音"福禄"）。

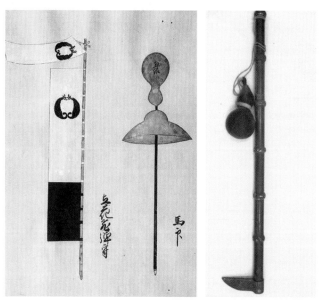

马标葫芦　日本橘宗重《旗马标绘图》　　日本葫芦工具

葫芦乐器音腔

　　乐器是各民族文化交融的明证。强汉盛唐，丝绸之路上的琵琶、箜篌、胡琴，入乡随俗，见证了中华文化海纳百川的博大胸襟。宋元以来，传统乐种日益繁盛。乐种具有鲜明的地域性和民族性，水乡"丝竹"、竹寨"芦笙"、福建"南音"、新疆"木卡姆"、浙东"闹年锣鼓"、广东"硬弦软弓"，各具特色。乐器组合一方面遵循和谐搭配的音响学原理，繁管急弦，击鼓筛锣；另一方面也遵循着社会礼法的约定。器乐文化不仅要单品独赏，还要从乐器的组合中领略风貌。伴随着时代的变迁，葫芦在乐器制作方面顺应历史潮流进行了迭代和升级。因此，在现存的中国传统乐器中，我们依然可以看到各种各样的葫芦形乐器（音腔部分像葫芦）和葫芦乐器（葫芦作为音腔使用）。

　　纵观世界民族乐器，历史悠久，丰富多彩。不同地域、不同民族、不同乐种都拥有各自独特的乐器形态和组合形式，形成雅俗兼具、底蕴深厚、兼收并蓄、艺术性与功能性并举的文化品格。乐器本身是时代风物、审美、工艺及科技水平的综合体现，反映着特定历史阶段音乐与社会发展的基本面貌，不仅具有鲜明的审美意蕴，也具有极高的学术价值，对我们深入认识中华音乐文化具有重要意义。本节列举的葫芦乐器，力求从历史属性、文化功能、乐器形态视角，全面呈现传统葫芦乐器与器乐文化的面貌。

万物有容乃大，葫芦作为盛器，能够装有形的物质，也能装无形的声音，可谓"大音希声，大象无形"。秋天那些成熟干透的葫芦，摇动时种子都会发出沙沙的声音。鉴于此，葫芦可以作为乐器的音腔。于是，在世界各地，葫芦就被做成各种各样的民族乐器。葫芦也成为乐器的原器之一。世界各地有很多相同原理的摇铃、葫芦鼓等。那些破损的葫芦因气体、液体的进出而发出呜呜、呼噜或噗噜之声，吸引人们注意这些声音，以至于人们故意在葫芦上戳破洞。新葫芦上开个口就能做成最简单的乐器。如埙、拨浪鼓等。在古代，葫芦是制作乐器的重要原材料之一，使用价值不亚于丝、竹等材料。

黄人《〈清文汇〉序》："唐宋以还，乃立古文颛名……考之名义，则宗尚挽近不为古，屏除声色不称文；徵诸实际，则骈偶而鳏寡其俦，词赋而匏土其响而已。"

"八音"是世界上最早的乐器分类法。八音，指八种质料不同、发音不同的乐器，即金、石、丝、竹、匏、土、革、木。金如铜钟、铜鼓，石如石磬，丝如琴、瑟，竹如笙、笛、箫，匏如匏笙、匏笛，土如埙、缶，革如各种鼓，木如梆子、木鱼等。其中匏即葫芦，属于一大类。很多乐器的共鸣器都可以用葫芦制作而成。通常会选用长柄葫芦、瓠子、大瓢葫芦、大亚腰葫芦、小梨形葫芦、鸡蛋葫芦等，取其一部分或者整个葫芦做成葫芦乐器。从葫芦盛器装"看得见"的东西，到葫芦乐器装"听得见"的声音，葫芦的用途总是让人大开眼界。葫芦乐器的生产不同于一般工业产品的生产，它不仅要求有精美的外观造型，还必须有良好的声学品质，其中包括音色、音准等，因而在材质的选择上非常严格。随着人类生产力的提高和乐器制作技艺的更新换代，葫芦乐器在种类花样上也层出不穷。但随着实践的检验，葫芦乐器也经历了"自然法则"的淘汰。

日本 瓢葫芦与海螺镶嵌做成的一种乐器　徐浩然拍摄

中国的礼乐传统历史悠久，葫芦乐器是民族文化和器乐文化的重要组成部分。音乐不仅是一种娱己娱人的艺术形式，也参与规范和教化着社会生活。乐以和人，音乐扮演着不同角色，发挥着不同的功用，书写着灿烂而光辉的民族文化。源远流长的中国乐器与器乐文化，自远古至晚清呈现出一条清晰有序的发展脉络，勾勒出我国古代音乐生活的基本面貌，彰显着中华民族高度辉煌的文明成就。

根据传统的习惯，按其性能的不同，这些葫芦乐器可以分为吹、拉、弹、打四类。本书介绍的葫芦乐器均以葫芦作为音腔，简单列举一些常见的葫芦乐器供读者了解。

葫芦笙

笙是簧管乐器，它以簧、管配合振动发音，是世界上最早的自由簧乐器，也是世界簧管类乐器的鼻祖。笙历史悠久，春秋战国时期，笙已非常流行。在数千年的封建王朝中一直用于宫廷雅乐。

葫芦笙也叫瓢笙，流行于西南少数民族的一种簧管乐器。笙斗以瓠瓢做成。《新唐书·南诏传》："吹瓢笙，笙四管，酒至客前，以笙推盏劝釂。"《宋史·蛮夷传四·西南诸夷》："上因令作本国歌舞，一人吹瓢笙如蚊蚋声。"

最早在《汉书·礼乐志》中就有葫芦笙的记载。后来晋朝崔豹在《古今注》又一次提到："瓠有柄者悬瓠，可以为笙，曲沃者尤善。秋乃可，和则漆其里。"这句话是说长柄葫芦可以加工成笙，其中以曲沃的葫芦为最佳。曲沃地区的葫芦因为可以制作笙，被誉为"河汾之宝"。上述古籍所列，葫芦主要用来制作笙最下面的笙斗，即笙管下面的风箱部分，演奏者就是手捧笙斗吹奏的。因为各地区民族文化的差异，做成的葫芦笙有一些样式的区别，吹管、斜口、葫芦外部的工艺等也有一些区别。将葫芦吹管、葫芦笙斗组装起来有很多方法，比如"纳葫芦于竹管中"的范制工艺，就能解决形状问题，使其外形一致。衔接处常以丝缠绕而后上漆，也有用黏土粘连再打磨的。

笙斗呈圆形，这种形制也流传到韩国和日本。而近代以来民间所用的笙，因笙管捆呈方形，故称方笙，主要流行于河南、河北等地。现在，在我国南方的一些边远地区，葫芦笙仍然存在。

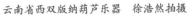

云南省西双版纳葫芦乐器　徐浩然拍摄　　　　　拉祜族葫芦笙

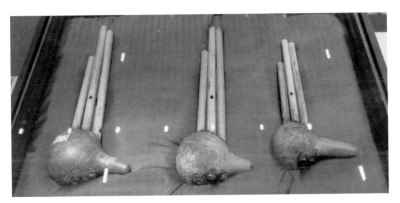

拉祜族葫芦笙　徐梓峻拍摄

延伸阅读　笙

　　我国早在 2000 多年前就造出了和声吹管乐器——笙，相传笙为一个古代原始部族的领袖"随"所造，因古人把封置所有簧片的笙管插入"匏"（葫芦的一种），故笙在八音分类中属"匏"，属于自由簧乐器。笙在古代传说、神话故事或史籍记载中有过许多高雅的别名，如"凤笙""凤翼笙""参差竹""云和笙""白玉笙"等。

"笙"与"生"同韵,故古人认为,笙象征万物贯地而生。据《尔雅》记载，笙有大小两种：大笙称为"巢"，小笙称为"和"，能协调其他乐器的音色。古代笙的各部位都有自己的专门名称。例如，笙斗称为"悬匏"；笙斗上的吹嘴，称为"咮（zhòu）"；笙管前后两排中间最长的一根管，称为"修挝"或"上篪"，因它处于一排笙管的中央，故也称为"中挝"；笙管背后的出音窗称为"内开穴"；插入笙斗的那段管，称为"插脚"。假如笙管用玉制作，就有半透明的鹅毛管的感觉，古人雅称为"鹅管"。

笙簧是笙发音的实际部位，用蜡封置于笙管下端，而笙管是簧片振动的共鸣管。吹奏笙时，用手指按住笙管根部的小孔，使管中空气柱的长度发生改变，其固有频率同簧片的频率产生耦合振动而发音。(《中外乐器文化大观》第50页，上海教育出版社，2008年)

现在葫芦笙仍是我国苗、侗、水、彝、仡佬、拉祜、阿昌等少数民族的常见乐器。

在拉祜族民间乐器中，葫芦笙是最古老的一种乐器。拉祜族娶亲时亲友会饮，吹笙为乐。拉祜族男性从七八岁开始学吹葫芦笙，葫芦笙是拉祜族随身携带的一种乐器。葫芦笙用葫芦作为音腔共鸣器，在葫芦腹部钻五个梅花形的圆孔，内插五根带簧片的泡竹管，每根管开一个音孔。葫芦大、笙管长的葫芦笙，声音浑厚，多在节日活动中吹奏；葫芦小、笙管短的葫芦笙，声音清脆、嘹亮，又便于携带，多为外出时吹奏，年轻人尤为喜欢。按拉祜族流传下来的规矩，吹葫芦笙通常在每年的火把节后开始，到第二年的春耕播种时停止，故有"谷子黄，葫芦笙响"的说法。现在葫芦

19世纪印度制造的葫芦乐器，有两排竹管，一根末端有吹嘴，被耍蛇人使用

笙仍是我国苗、侗、水、彝、仡佬、拉祜、阿昌等少数民族的常见乐器。拉祜族最隆重的节日就是葫芦节。届时，各村寨都要举行歌舞狂欢，男了吹奏葫芦笙领舞，男女共跳嘎克舞。

人类社会的发展与葫芦乐器的盛衰是有一定关联的。人类生产力的提高，社会、自然环境的急速变化必然导致葫芦乐器由盛而衰。其中一个典型案例就是葫芦笙笙斗材质的变化：从葫芦变成了陶器，最后变成木器。古籍记载："荆梁之南，尚仍古制，南蛮笙则是匏，其声甚劣，则后世笙竽不复用匏矣。"由此可见，此时的葫芦笙的音色并不理想，已经无法满足当时人们对音乐的要求，起码与木制笙比起来，是逊色许多的，所以葫芦做的笙斗就渐渐被淘汰了。

葫芦琴

除了笙、竽等簧管乐器外，葫芦还可以作弦乐器或弹拨乐器的共鸣箱。

葫芦琴，我国纳西族拉弦乐器的代表，流行于云南省保山地区。用葫芦瓜壳截去两端做成共鸣筒，小的一端蒙以蛇皮或青蛙皮，琴筒的外侧开有许多小孔。琴筒长约 15 厘米，琴杆木质，长约 60 厘米，琴杆上端刻花纹。弦轴用较坚实的木质材料做成。弦有丝弦、金属弦两种，葫芦琴的音质较二胡更为圆滑、柔和。它没有单独演奏的乐曲，是布依戏、八音座弹伴奏最具民族特色的乐器之一。在乐队中与牛骨胡配成"公母"琴（葫芦琴为"公琴"，牛骨胡为"母琴"）。傈僳族也有葫芦琴，属于弹拨类乐器。近年来，根据葫芦的大小，我国乐器制作名家已经制作出高、中、低音三种葫芦琴。音色浑厚、古朴。在演奏《水龙吟》《马倒铃》《谒金门》《锁南枝》等曲时，葫芦琴是主奏乐器。

坦布拉琴（Tambura）是北印度使用最广泛的乐器之一。琴身为木质，依靠琴身下端大半个葫芦来共鸣。指板无品，有 4 根金属弦，四个弦轴分别置于琴首的正面和左右两侧，无共鸣弦。 坦布拉琴箱通常用葫芦制成。

印度葫芦琴　五丝，长颈镶象牙，钉镶银

印度葫芦琴

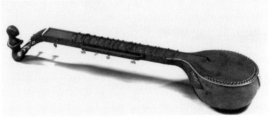

印度锡塔琴　镶嵌有象牙、银

西塔尔琴　　　　　坦布拉琴

　　西塔尔琴是印度重要的传统乐器之一，有7根主奏弦和12根共鸣弦，有20个环形可移动的品，共鸣弦轴置于琴颈一侧，弦位于琴颈和品之间。共鸣箱呈瓢形（可以用葫芦制成），表面蒙板，演奏时斜抱于肩上。

　　隋唐时我国西南地区就有一种匏琴，四弦，似琵琶，以葫芦作音箱，上面再蒙以木板。清代宫廷的成套乐器中，也有以范制葫芦做成的四弦琴和二弦弹拨乐器。

世界各地的葫芦琴总体上来讲，工作原理相似，外表装饰和弹奏方法各不相同。世界文化的多样性决定了这些葫芦琴的变化。

据郑珉中先生介绍，从1990年春季开始，敦煌研究院音乐舞蹈研究室会同北京民族乐器厂进行了敦煌壁画乐器仿制研究和试验制作，最终成功制作了四大类（打、吹、弹、拉）共63件乐器，其中弹弦乐器中还做了几件有特色的乐器，可以说是敦煌壁画中独有的乐器，即六弦葫芦琴、四弦葫芦琴，效果都甚好（《敦煌研究》1992年第3期第16、17页）。本次乐器仿制，还仿制了拉弦葫芦琴5件。

敦煌壁画乐器 葫芦琴类（《敦煌研究》1992 年第3期第131页）　　　　　　拉祜族小三弦　中国工艺美术馆　徐浩然拍摄

葫芦丝

葫芦丝，又称"葫芦箫"，是云南少数民族乐器。葫芦丝发源于云南德宏傣族景颇族自治州梁河县，主要流行于傣、阿昌、佤、德昂和布朗等族聚居的云南德宏、临沧地区，富有浓郁的地方色彩，常用于吹奏山歌、农曲等民间曲调。葫芦丝是由中原的笙逐渐演进、改造而来的。

葫芦丝形状和构造别具一格，它由一个完整的天然葫芦、三根竹管和三枚金属簧片做成。整个葫芦做气室，葫芦底部插进三根粗细不同的竹管，每根竹管插入葫芦中的部分，都镶有一枚铜质或银质簧片，中间的竹管最粗，上面开着几个音孔，称为主管，两旁是附管，里面只设簧片，不开音孔（指传统葫芦丝），只能发出与主管共鸣的和音。

2022 年，中国航天员中心发布了一段叶光富在空间站用葫芦丝演奏《月光下的凤尾竹》的视频。这是葫芦乐器第一次在太空演奏。

葫芦埙

埙是一种古老的吹奏乐器，葫芦可以做埙，后来用陶土烧制。以乐器论，埙可谓中华民族乐器的鼻祖，甘肃玉门火烧沟出土了五六千年前的埙。在世界各地的远古文明里都有葫芦做的埙的遗迹，它们造型简单，但音色浑厚苍凉，音量适中，有特殊意境。在夏威夷群岛等南太平洋地区，至今人们还用葫芦埙演奏。我国民间乐器制作手艺人王占扬等还复制了葫芦埙。

葫芦胡

葫芦胡，为壮族、布依族弓拉弦鸣乐器。壮语称之为"冉卜"，"冉"为胡琴统称，"卜"为葫芦，意即用葫芦制成的胡琴。它形制独特，音色浑厚，常用于器乐合奏或为壮剧、布依戏伴奏。流行于广西壮族自治区桂西百色地区，贵州省黔西南布依族苗族自

治州贞丰、兴义、安龙、册亨、望谟等地和
云南省文山壮族苗族自治州富宁县等地。

起源于古代奚琴的葫芦胡，最早用于
壮族民间器乐合奏和壮剧伴奏中，其历史与
马骨胡相近，大约出现于清乾隆年间，至今
已有二百多年历史。葫芦胡的构造与二胡相
似，但外观差异较大。共鸣筒呈葫芦形，采
用天然生长的大小两节葫芦壳制作，将粗节
一端的葫芦去底，在切口处蒙以老笋壳或桐
木薄板，葫芦末端雕刻梅花瓣形音孔。琴筒
长 15 厘米，面径 13 厘米左右。

中国乐器博物馆收藏有葫芦胡多把，
其中一把的琴筒用完整的两节葫芦壳制作，
将葫芦去底后蒙以桐木薄板，琴筒长 19.5
厘米，最大直径 17 厘米，面径 14 厘米，葫
芦尾部镂刻环形音孔。

壮族天琴 中国工艺
美术馆藏 徐浩然拍摄

葫芦鼓

鼓，是人类最古老的乐器之一，广泛存在于世界所有的民族中。
它不仅在传统和现代音乐中发挥着标记节拍和韵律的作用，也是
重要的指示性乐器。干燥的葫芦其实是人类最古老的响器之一，
它能发出强烈的声响使人感到惊恐畏惧。人类选用干燥的大葫芦，
将葫芦挖空，蒙上动物的皮制成葫芦鼓。葫芦鼓种类繁多，也是
流传至今的敲打类葫芦乐器的主要表现形式之一。在中国，相传

最早的鼓是黄帝制造的夔皮鼓（见《山海经·大荒东经》）。1978—1983年在山西襄汾县陶寺遗址中发现了"土鼓"等大批礼乐器。其土鼓（也称"陶鼓"）造型奇特，形似长颈葫芦，鼓上腹之间置有双耳供人提抬，是目前发现的最早的原始土鼓。远古时期，鼓被敬为通天神器，主要是作为祭祀礼器来供奉或演奏。随着漫长历史文化的演

葫芦鼓 葫芦工坊小元制作 崔吉浩收藏

进，鼓的形制和用途也在不断变化和发展，从原始的葫芦鼓、土鼓发展到如今千姿百态的各种鼓，它从远古时期的祭祀礼器发展成为广大劳动人民最喜爱、普及最广的文化娱乐表演道具。鼓的形制大小根据其表演形式而定，先人们根据葫芦形状的特点，制作出直筒形、细腰形、粗腰形、圆锥形和座墩形等各式各样的葫芦鼓。鼓箱材料有葫芦、桐木、柳木等。开封盘鼓的套曲结构中还有葫芦鼓的鼓点。

另外，西非还有一种葫芦水鼓，它是一种浮在盛水的容器里的长条形葫芦鼓，人们用手或小棍敲击它，发出来的声音沉郁而悠远。还有一种水鼓是上下两个葫芦盖倒扣，中间放水，敲起来也是声音优美。

葫芦鼓在非洲较为常见，这是因为非洲盛产葫芦，同时鼓在非洲文化中扮演着极为重要的角色，是非洲音乐的灵魂。

拨浪鼓

拨浪鼓是一种古老又传统的民间乐器和玩具，出现于战国时期。拨浪鼓的主体是一面小鼓，两侧缀有两枚弹丸，鼓下有柄，转动鼓柄，弹丸击鼓发出声音。鼓身可以是葫芦的也可以是竹的，还有木的；鼓面用羊皮、牛皮、蛇皮或纸制成。

当下，葫芦做成的拨浪鼓还有很多国家和地区在使用。

拇指琴

拇指琴是非洲的传统乐器，在不同的非洲国家，拇指琴有不同的名字，例如 Kalimba 是肯尼亚对这种乐器的称谓，而在津巴布韦它则被称为 Mbira，刚果人称它为 Likembe，它还有 Sanza 和 Thumb Piano 等名字。

津巴布韦　拇指琴

拇指琴的发声体就是上面一根根长短不一的弹性金属条，下面则用葫芦等材质的原料做成共鸣箱。以往，这些金属条的原料只是矿石中熔化出来的金属，现在则采用质素较高的钢。拇指琴有很多形状，钢条的数目也不定，例如津巴布韦的拇指琴有 22—28 根钢条，排列成两排。

拇指琴体积小，易于携带，当日落黄昏之时，人们会围成一圈，用它来为歌唱或讲故事伴奏，有些土著人在长途步行时，也会携带它来打发时间。

拇指琴　徐浩然从葡萄牙展会上购得

非洲葫芦木琴

在非洲的加纳或津巴布韦都可以找
到这种葫芦做的木琴乐器。它以长短不
同的木块作为发声体，能发出不同的音
高，是能演奏乐曲旋律的乐器。

为了使木琴能发出更响亮的声音，
人们在木片下加上一些葫芦，作为共鸣
箱。

非洲葫芦木琴

弓形拨弦琴

弓形拨弦琴可能是最原始的弦乐器，直接由弓演变过来，在
非洲十分普遍。在我国，也有类似的四弦葫芦弯琴存在。

葫芦竖琴

葫芦竖琴，在西非塞内加尔、冈比亚、几内亚、马里等地十
分普遍。在很多希腊电影里就有葫芦竖琴的场景。

葫芦砂槌

砂槌是很多民族使用的乐器，样子大同小异，上面一般刻着具有民族特色的图案。最常见的砂槌是用葫芦盛载珠子，加上木柄制成。赞比亚的砂槌，由数个葫芦连接在一起制成。演奏时，手握砂槌的木柄轻轻摇晃。

葫芦砂槌是在干燥的葫芦上套上一个用绳和种子织成的网，也有一些卡巴沙（一种砂槌）的网会串上贝壳、木珠、瓷珠或玻璃珠，现在

葫芦砂槌　徐浩然收藏

网也会用尼龙绳编织而成。至于在学校音乐课使用的卡巴沙，就大多改成一个圆轮的形状，上面套上一排排的钢珠。演奏卡巴沙的时候，手持较小的一端在大腿或手掌上轻轻地拍就可以了。

葫芦砂槌　徐浩然收藏

葫芦鸽哨

　　鸽哨不是由人演奏的，而是绑在鸽子尾部，靠鸽子飞翔时灌入空气发出各种不同的乐音。葫芦鸽哨中的葫芦也是起共鸣箱的作用。其制作方法是截取亚腰葫芦的下腹，将细腰切断处的孔开大，用瓢葫芦或毛竹做成的圆片覆在孔上，叫作"葫芦口"。葫芦口及葫芦的两侧挖有哨口，用以安装竹管或苇管做成的小哨。小哨的多少不等，以葫芦的大小而定。葫芦大者其哨音尖。小哨之间音高是不同的。当鸽子翱翔天空时，随着它的翻飞回转，不同的气流灌入哨中，便发出悠扬回荡的乐声。

梅兰芳先生收藏的葫芦鸽哨　国家博物馆藏　徐梓峻拍摄

我国京剧大师梅兰芳先生喜欢养鸽
子、斗蛐蛐、集邮、培育牵牛花。梅兰
芳先生爱好广泛，在这一方天地中，他
回归自然，将生活中的发现和体悟融入
自己的艺术创作中。在国家博物馆举办
的"梅澜芳华——梅兰芳艺术人生展"
上，展出了梅兰芳先生收藏的 30 多件

葫芦鸽哨　徐浩然收藏

葫芦鸽哨，其中葫芦音腔部分有传统小瓢葫芦形，也有疙瘩葫芦形，
还有勒扎葫芦形。

葫芦口弦

葫芦口弦大约起源于新石器时代。我国《诗经·小雅·鹿鸣》
中有"呦呦鹿鸣，食野之苹。我有嘉宾，鼓瑟吹笙。吹笙鼓簧，
承筐是将。人之好我，示我周行"的佳句。其中的"簧"是一种
用竹或铁制成的、能横在口中演奏的乐器，和口弦是同一类乐器。

宁夏回族　葫芦口弦

口弦，是一种古老的乐器，口弦又称口弦琴、口篾、口簧、响篾、
吹篾或弹篾。口弦历史悠久、形制多样，在我国的大部分地区都

很流行，可以独奏、齐奏、合奏或为歌舞伴奏，在人们的生产劳动、日常生活中占有重要地位。

　　我国国家级非遗项目宁夏口弦传承人安宇歌曾送给笔者一个葫芦做的口弦。据安宇歌老师介绍，这个口弦上的葫芦主要起到美观修饰和固定弦音的作用。

葫芦长笛 / 短笛 / 鼻笛

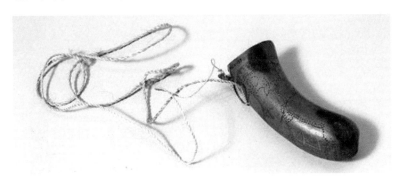

南苏丹短笛

　　赤道附近南苏丹、乌干达等地有一种葫芦长笛，也叫狩猎哨，这种类型的长笛被称为 Pelo，通常由男性使用，主要用于狩猎。

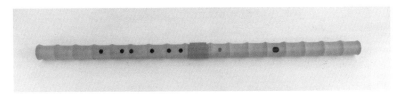

葫芦笛子　徐浩然收藏　王占扬制作

　　鼻笛，用鼻腔和口腔演奏的乐器，也有地区叫作鼻哨。鼻笛是波利尼西亚和环太平洋国家流行的乐器，也常见于非洲。在北太平洋地区,鼻笛是一种常见的求爱工具。新西兰的毛利人用木头、葫芦茎和鲸鱼的牙齿制作鼻笛（Nguru）。

　　Kōauau Ponga Ihu 是一种葫芦鼻笛。去除葫芦顶部做成一个小口，在葫芦下肚上钻 2 个小孔。用鼻孔吹过葫芦顶部的小口就会产生类似陶笛的声音。在笔者看来，这也是现代陶笛的原器之一。夏威夷人也使用了类似构造的葫芦鼻笛 Ipu Hokiokio。制造者会在葫芦的颈部上开一个孔，方法是在一个相当小的横截面处切断颈部。通过在葫芦腔体上钻孔，可以获得几个音阶的音符。

毛利人乐器　葫芦鼻笛
Kōauau Ponga Ihu

毛利人乐器　葫芦鼻笛
Kōauau Ponga Ihu

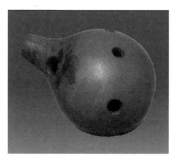

Ipu Hokiokio　夏威夷乐器
大都会艺术博物馆藏

Ipu Hokiokio　夏威夷乐器
大都会艺术博物馆藏

葫芦号角

　　号角，是古时军队中传
达命令的管乐器，后世泛指
喇叭一类的东西，号嘴呈碗
形，一般有活塞。根据形态
和大小，可分为大小号、长
号等。小号一般有一个活塞，
吹奏时声音响亮。大号通常

葫芦小号　南苏丹北加扎勒河附近

装有四个或五个活塞，吹奏时声音低沉雄浑。长号的号嘴呈杯形，
管身约比小号长一倍，弯成 U 形，管末呈喇叭形，吹奏时可以滑
动滑管改变音高。不同时期、不同国家的葫芦号角也是特点各异。
如南苏丹的葫芦小号，用葫芦和大羚羊角组成主体，在葫芦上开
一个嘴留作小号出口，在羊角上固定一个喇叭嘴。

　　埃塞俄比亚的葫芦长
号则是用几段葫芦组装在一
起，并用一种特殊的植物黏
合剂拼接粘在一起。喇叭的
大小不一，因此音调也不一
样。坦桑尼亚有一种葫芦长
号是用大小不一的亚腰葫芦
拼接而成，一个葫芦肚为一
节，通常会有5—6节。在
巴西，也有这类葫芦长号，
其历史要追溯到玛雅文明时期。

葫芦长号　《埃塞俄比亚年鉴》2007 年第
23 期 第 289 页

乌干达葫芦长号　来源：联合国教科文组织官网

乌干达葫芦长号　来源：联合国教科文组织官网

越南管状葫芦琴

　　管状葫芦琴在越南被称为 Goong，它在越南人民生活中有着独特的价值，也是越南人民生活中不可或缺的一部分。越南有许多少数民族，葫芦乐器 Goong 是这些少数民族文化的体现。越南人民弹奏这种葫芦乐器 Goong 的时候，用两只胳膊支撑杆，用手指拨拉琴弦，两个葫芦开口分别朝向相反的方向。当 Goong 奏响，会向人们传递信号、吓唬野兽，同时它也是欢庆节日的演奏乐器，会在春节、丰收节庆活动以及男女结婚的时候弹奏。

越南管状葫芦琴
Goong

越南 Goong

越南安老区安托安乡巴纳族和赫族人居住的　　工匠 Dinh Y Bang 正
Plai Hmia 村的村长丁文庄先生在弹奏 Goong 哄孙子　在弹奏 Goong

Goong 演出　　　　　　　　Jrai 民族艺术家演奏 Goong

葫芦摇铃 / 葫芦铃铛

　　手摇铃是一种手摇的打击乐器。由铃身、手柄和击锤三部分
构成。铃身是手摇铃发声的部件，也决定了单个手摇铃的音高，
现在一般用铜制成，过去常用葫芦做铃身。手柄通常由皮制成，
也有用塑料制作的手柄。击锤由铰链固定在铃身上，可以通过调
整击锤来调节手摇铃的响度。乐手可以用多种方式演奏，最常见

的方式是手摇，手摇铃中的击锤会碰撞铃身而发声。由于单个手摇铃仅具有特定音高，因此手摇铃一般都成套配置。

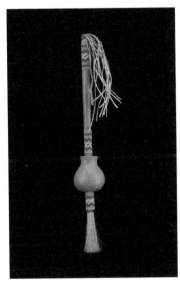

右上角为藏族佛教徒用的葫芦摇铃（铃铛）

摇铃

葫芦虫具

鸣虫是指能鸣叫发声的一类昆虫。传统鸣虫有蛐蛐、油葫芦、蝈蝈、金蛉子、小黄蛉、竹蛉、金钟儿等。昆虫的鸣叫不是通过声带振动产生声音，而是通过摩擦翅膀发声的。葫芦作为鸣虫容器，是中国独有的葫芦文化。

古人喜爱虫鸟文玩器物，豢养蝈蝈盛行一时，葫芦制成的蝈蝈罐较为出众，便于投喂且利于扩音，增添了把玩乐趣。

我国古代的葫芦虫具造型优美，或采用范制工艺，或采用千里挑一的本长葫芦，再配以技艺精湛、雕花镂空的口盖就成了高级的葫芦工艺品或收藏品。特别是清代的葫芦虫具具有很高的艺术价值和文物价值，屡次刷新拍卖行成交纪录。日本语言学家后藤朝太郎在《蟋蟀葫芦和夜明珠：中国人的风雅之心》一书中感叹："在寒冷的冬天听到蟋蟀的鸣叫声，这是中国文人的一种嗜好。将蟋蟀从秋天饲养到冬天，心无杂念地去欣赏蟋蟀的音色，这也充分体现了中国文人内心的平静。"我们的艺术和文化不是高高在上、难以理解的，它安静、朴素、贴合自然，博大却又让人有亲近感。观察、欣赏它的人要把内心的俗念抛开，才能领略其本质。中国特有的鸣虫文化根植于中国特有的风土风俗。

西方人对于中国斗虫的观察时间已久。在 1831 年的 *American*

Quarterly Review 中就记录了中国人斗蛐蛐和鹌鹑的事情了。除此之外，外国人在文章、电影、信件中，也加入了对中国人斗虫的描述。*Insect-Musicians and Cricket Champions of China*（《中国之最——鸣虫和蟋蟀》）对虫具艺术进行了系统的介绍。《亚洲人民怎么玩：古代的休闲时光》一书中收录了鸣虫葫芦。

范制葫芦虫具

　　范制葫芦虫具即把比较嫩的葫芦幼果装入事先制好的木模、石膏模或者亚克力模具里，迫使葫芦按模具的形状成长。按照玩家的需求种植的葫芦虫具，多采用小瓢葫芦、棒子葫芦、小亚腰葫芦等葫芦品种，成熟后还要去掉模具，然后选葫芦，给葫芦刮皮，晒干。这个过程中最有意思的就是给葫芦套模。选择葫芦成品的时候，一定要选择齐整匀

葫芦虫具　李朋阳收藏

称、纹理清晰、图案完整的葫芦，再进行镶口配盖。比较讲究的玩家选择的蒙心等配件都采用上等名贵材料，葫芦的外壳多采用火画、掐丝、押花等工艺进行装饰，以提升葫芦虫具的价值。因为虫害、品种、施肥、浇水、天灾等因素影响，葫芦虫具种植成功率很低。

范制葫芦虫具　明尼阿波利斯艺术博物馆藏

扁圆形葫芦虫具

　　山东等地还有一种扁圆形的蝈蝈葫芦。蝈蝈葫芦品质不同，其市场上的价格有着天壤之别。蝈蝈葫芦一般选择皮厚、皮色干净、无斑点疤痕、脐儿正且顶尖形状的葫芦。蝈蝈葫芦以质地分，可分为糠胎、瓷胎。糠胎葫芦质地松软，蝈蝈鸣叫时，能与葫芦发生共鸣，发出的声音浑厚低沉，具有较强穿透力而不刺耳，故广受老玩家青睐。

　　蝈蝈葫芦通常雕刻戏曲故事、花卉、人物肖像等。还有的蝈蝈葫芦上佩有紫檀木、象牙盖。除自用外，还可馈赠亲朋好友。

圆顶形蟋蟀虫鸣葫芦　明尼阿波利斯艺术博物馆藏 　　圆顶形蟋蟀虫鸣葫芦　明尼阿波利斯艺术博物馆藏

本长葫芦虫具

　　本长葫芦虫具则是由不加人工限制、天然长成的、形状符合要求的葫芦制成的。这样的葫芦皮质好的更少，所以制成的葫芦虫具价格更高。旧时玩本长葫芦虫具的多是达官贵人，如今它早已进入平常百姓家。

葫芦茶香花器

一器成名只为茗，悦来客满是茶香。葫芦作为人类农业生产和家居生活的最早的原器之一，也是装花储茶品香的原始器物之一。随着人类农耕文明的发展，饮茶、闻香、插花艺术在日常生活中得到发展并达到顶峰。

葫芦茶器

俗话说，"工欲善其事，必先利其器"。茶艺是一种物质活动，更是一种精神活动，器具则更讲究，不仅要好用，还要有美感。早在《茶经》中，陆羽便精心设计了适于烹茶、品饮的二十四器，这些茶器都与葫芦有着密切的关联。有的茶器可以用葫芦制作，有的茶器则是葫芦形，如筥、则、水方、漉水囊、瓢、熟盂、碗、畚、扎、涤方、渣方、都篮等。古人常用竹丝编织葫芦做成筥，上留方形口，用以采茶；用葫芦做成汤匙形茶则，用来量茶；用葫芦做成茶杯茶碗；长柄葫芦取一小段杆就能做成茶扎。在日本茶道中，也经常会看到用于装抹茶粉的葫芦容器。

葫芦茶则　苏斌收藏

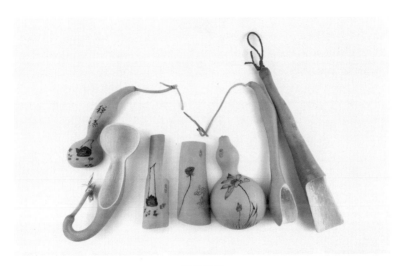

葫芦茶则

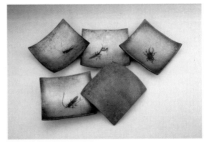

葫芦茶叶罐　　　　　日本夏虫葫芦托盘　来源：景堂画廊

　　日本京都漆艺家族西村增彦第八代传承人曾制作了一套葫芦托盘，共5个，主要用来装食物或作为茶杯杯托、托盘使用。每个托盘的正面都装饰着不同的夏季昆虫。这些托盘都是由天然葫芦裁切制成，表面以银漆铺底，饰以黑色和焦糖色漆。艺术家对葫芦托盘表面进行纹理处理，在银漆反射光线时强调葫芦卷曲的侧面。当银色的表面失去光泽后，它完美地凸显了每个托盘上的焦糖色漆和黑色昆虫。

大漆葫芦茶叶罐　郑颐制

李卫国针刻微雕作品《老子出关》葫芦茶叶罐　　李卫国针刻微雕作品《兰闺雅集图》葫芦茶叶罐　　李卫国针刻微雕作品《赵公明》葫芦茶叶罐　　唐子龙针刻微雕作品《伏虎罗汉》葫芦茶叶罐　　李卫国针刻微雕作品《关公》葫芦茶叶罐

葫芦茶器 阮熙越刻　　葫芦茶器 阮熙越刻　　《读书是福》葫芦牙
　　　　　　　　　　　　　　　　　　　　　　　签筒 阮琳刻

《独钓寒江雪》葫芦　　仿八大山人画葫芦茶　　仿八大山人画葫芦茶
茶叶筒 阮琳刻　　　　叶罐 阮熙越刻　　　　叶罐 阮熙越刻

范制葫芦茶器 王才华收藏

在日本的炎热夏季，昆虫到处飞翔，成为季节的天然伴侣。变暗的银色暗示着傍晚的天色。这种对时间和转瞬即逝意象的表达体现了日本茶道侘寂美学的核心。

葫芦香器

葫芦作为日常生活用具，可在文人雅士的茶席上起点缀增辉的功效。好的环境离不开茶席的摆设点缀，自然也就少不了插花、焚香、挂画、音乐、茶点等。葫芦香器是我国宫廷艺术品的代表之一，有粉盒、香囊等多种样式，工艺精湛，价值不菲。

葫芦香器　倒流香葫芦　郑顿制

郑顿正在制作葫芦香器

多孔葫芦香插 徐浩然收藏　　唐子龙针刻微雕作品《秦淮烟水图》大香筒葫芦

葫芦香器 郑颀收藏

葫芦香囊　杨维军收藏　　　　　《禅》　香粉储藏器　阮琳刻

葫芦香囊　　　　　　葫芦香囊　　　　　葫芦香筒　张雷设计

葫芦花器

通常，我们把插花和栽种花草之容器称为花器，其材质、形状及尺寸各不相同。

葫芦作为花器，始于我国汉唐，到宋代达到顶峰。葫芦花器在世界范围内应用较为广泛，如日本、菲律宾、美国、澳大利亚、荷兰、法国等地，葫芦花器较为常见。现在，葫芦花器还与芳香瑜伽、芳香精油等康养疗法相结合。

葫芦花插　郑顿制

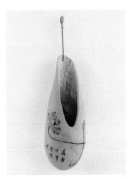

葫芦花插　张雷制

拼接工艺葫芦花插　郑頔设计

葫芦花插　张雷制

葫芦花插　张雷制　　　　葫芦花器　　　　葫芦里种植发财树　徐浩然设计
　　　　　　　　　　　　徐浩然收藏

　　过去，人们通过范制工艺种植葫芦并做成花器。北京故宫博物院珍藏的匏制莲瓣纹瓶、匏制乾隆御题六棱瓶、匏制缠枝莲槌形瓶、匏制团寿字六棱瓶、匏制蒜头瓶等，是这一类花器的代表。这也说明了葫芦作为花器深受帝王贵族青睐。

　李卫国针刻微雕　　　范制葫芦八棱扁瓶　　　李卫国针刻微雕作品《八
作品《唐宫伎乐图》　王建兴收藏　　　　　仙神通图》范制葫芦花瓶
范制葫芦花瓶

　　葫芦花囊是指装香料的葫芦匏器，古人常佩戴于身上或系于帐中，常见于清宫。

　　花囊是中国古代花器的一种，以竹子、葫芦、瓷、丝绸等材质居多，唐宋匏器发展成熟时已有。供插花用的瓶罐类匏器，多呈圆球形，也有其他形状，如梅花筒形等，顶部开有几个小圆孔，器身多孔有装饰花纹，中间可以插花。

日式风格葫芦花器　张雷制

日式风格葫芦花器　张雷制　　　　　葫芦花囊　徐浩然设计

葫芦祭祀礼器

古代先民崇拜葫芦。早在我国周代就用葫芦象征"天地之性"。葫芦形圆，象征天；陶器土做，象征地。汉代用葫芦形的陶匏作为祭祀用的器物。在我国云南彝族有供奉祖灵葫芦的习俗。

为母亲祈祷

祭品盛器

据《南太平洋地区的葫芦文化》一书记载，卡胡拉威岛的一座神龛里有一个葫芦，里面盛放着树皮布、鱼骨、甘蔗、一个鱼下巴和几块玄武岩。马克萨斯群岛的葫芦也有类似用途，人们将盛满食物的葫芦悬挂在墓穴附近，挂上葫芦水壶和盛满饭的碗，以祭祀死者。（见《南太平洋地区的葫芦文化》第 52 页）。

印度葫芦宗教用品　葫芦中的奎师那

灌顶仪式中使用的葫芦盛器

　　葫芦作为祭祀盛器使用在非洲大陆很常见。比如，葫芦是喀麦隆土著 Tikar 人部落首领的拥有品。这些葫芦形状各异，大小和图案各不相同。在家庭和社区及部落的重要祭祀活动和仪式上，这些葫芦被用来储存和盛放棕榈酒。

喀麦隆葫芦盛器

新几内亚葫芦祭祀容器

《耶稣诞生》葫芦

刚果葫芦祭祀容器

祖灵葫芦

我国彝族同胞认为葫芦是灵魂的归宿之地，将人死后的骨灰一分为二，大部分骨灰装入土陶罐，埋进圆形的墓坑里。堆土为坟，坟旁插一根木棍，棍上倒挂一个葫芦。葫芦底部和顶部各扎一口，方便灵魂自由出入。另一部分骨灰则直接装进葫芦，称作"祖灵葫芦"，请巫师念指路经，引灵魂进入葫芦，然后将"祖灵葫芦"供奉在堂屋的桌子上（见《葫芦的奥秘》第 190 页）。

祭祀礼器

在古代部落和国家祭祀大典上，葫芦是必不可少的祭天礼器。器用陶匏，以象征天地之性。洗匏爵，自东升坛。匏爵为古代祭天礼器之一，以干燥的匏器制成，用以盛酒。后代帝王郊区祭祀，仍以匏爵为主，就连舀酒的勺子也是用腹小柄长的葫芦刨开制成的（见《葫芦的奥秘》第 212—213 页）。在陶器出现之前，几乎所有的祭天礼器都用葫芦制品。葫芦作为祭器至今仍在很多民族和国家使用。

　　在墨西哥的瓜达拉哈拉市以北的山区村庄大约还有14000名印第安土著居民，他们是西班牙统治下的最后几个印第安部落之一。几个世纪以来，他们一直保留着自己的传统习俗、精神信仰。他们的艺术有着独特的风格，代表了他们对自然环境的崇敬。他们认为葫芦碗、美洲虎头面具、蜥蜴和其他动物都是神圣的象征，每一种都代表着与精神世界的深刻联系。

刚果通灵祭祀用的葫芦容器，由木头、葫芦、蛇皮、贝壳、种子、羚羊角做成，用于占卜、精神治疗和通灵，是一种权力和地位的象征

　　他们早期的祭祀盛器是用空心葫芦制作而成，然后用一些贝壳、种子和石头装饰，作为祭祀农神的碗。当西班牙传教士引入玻璃珠子时，印第安人开始用珠子装饰其他用于宗教仪式的物品，如动物雕像、美洲虎头面具和其他物品。今天，印第安土著居民依然将葫芦、珠子、陶瓷或者其他材料混合在一起制作祭祀用品盛器。葫芦也常常用作印第安巫医通灵的工具。

印第安人玻璃珠葫芦碗　莱昂诺拉·恩金拍摄

印第安人玻璃珠葫芦碗

乍得葫芦碗　明尼阿波利斯艺术博物馆藏

喀麦隆葫芦碗　明尼阿波利斯艺术博物馆藏

葫芦佛龛

　　佛龛在旧时主要用来供奉佛像、神位等，一般为木制，很多地方也用葫芦制成，内放佛像，在宗教礼仪及民俗中较为常见。在北京故宫博物院慈宁宫的展陈文物中，有此类葫芦佛龛出现。葫芦形龛也是清宫佛堂的常见供龛样式，它以葫芦及其变体为载体，内供佛像数量常以 3 的倍数出现。葫芦多籽，藤蔓绵延不绝，象征子孙繁衍，生生不息。葫芦谐音"福禄"，成为古代帝王期盼"福禄万代"的寄托，因此在清宫中有大量器物选用葫芦造型。

葡萄牙葫芦　　　　　葡萄牙葫芦　徐浩然收藏　　　　老葫芦　徐浩然收藏
徐浩然收藏

老葫芦　徐浩然收藏　　　　　　　老葫芦　徐浩然收藏

葫芦文房用具

　　文房四宝是中国独具特色的文书工具。四宝中以湖笔、徽墨、宣纸、端砚最负盛名。文房四宝不仅有实用价值，也是融绘画、书法、雕刻、装饰等各种艺术为一体的艺术品。

　　匏器是明末出现的一种特殊工艺品，为明末太监梁九公首创，后一直受到宫廷的青睐。清代康熙年间的匏器制品最为有名。匏器的制作方法是当葫芦结果时，用各种形状并刻有各式花纹的模具将葫芦夹紧，待葫芦自然长成后再裁割加工，即成为所需的各种器具。匏器制品不加雕刻，秀巧清朗，为别具一格的工艺新品种，堪称清代宫中一绝。宫中用范制葫芦制作的文房用具不胜枚举。

　　中国传统的文房用具，除笔墨纸砚外，还有不少其他辅助性用具。如怕风吹动纸，就产生了"镇纸"；洗笔要有水盂，就产生了"笔洗"；磨墨要有水，就产生了贮存砚水供磨墨之用的"水注"；放印的有葫芦印盒，搁砚的有葫芦砚盒，搁墨有墨床，搁笔有笔架，还有笔格、笔筒、笔床、笔船、笔屏、墨盒、印章等等。这些文房用具，所用材料有竹、木、玉、石、陶、瓷、金、银、象牙、玳瑁、珐琅等多种，造型各异，雕琢精妙，可用可赏，故又称作文玩。它们的共同特点是轻巧、雅致，置放在案头不但实用，还可以供文人墨客欣赏把玩、收藏家们收藏。葫芦在读书人家以文玩居多，而在平常百姓家，主要作为生活器皿。

诗瓢

诗瓢，指贮放诗稿的器具。

宋计有功《唐诗纪事·唐球》："球居蜀之味江山，方外之士也。为诗捻藁为圆，纳入大瓢中。后卧病，投于江曰：'斯文苟不沉没，得者方知吾苦心尔。'至新渠，有识者曰：'唐山人瓢也。'"

元袁桷《送吴成季五绝》之四："诗瓢淅沥风前树，雪在深村月在梅。"

明陈与郊《义犬》第一出："且挂诗瓢学许由，北邻看竹东邻酒。"

清周亮工《丁亥除夕独宿邵武城楼永夜不寐成诗四章》之二："晨窥粟瓮思僮减，岁验诗瓢喜橐增。"

葫芦毛笔

葫芦毛笔分为粗、细杆毛笔，主要采用油锤葫芦上部长杆来制作毛笔笔杆。也有匏笔，即用油锤葫芦制作而成。葫芦毛笔的杆可以用勒扎工艺、细扣工艺，或者用烙画、雕刻等来装饰。近些年，葫芦毛笔被开发成各种各样的文创产品。还有一种"瓢笔"就是用葫芦杆做成笔杆和笔套，内嵌象牙，非常珍贵，主要用于写小楷等。葫芦取材书写简单，因此文人雅士用葫芦做的毛笔屡见不鲜，在拍卖市场我们常看到镶嵌象牙，有盘扣、系扣、押花等工艺的葫芦毛笔，多为清朝遗物。

葫芦毛笔
张天慧收藏

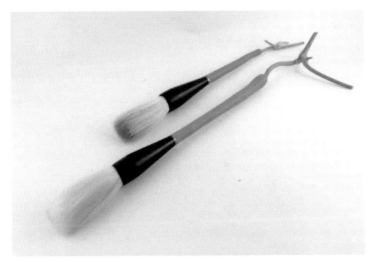

葫芦毛笔　张婷燕收藏

葫芦砚滴

砚滴又称水滴、书滴，是一种古老的传统文房器物，贮存砚水供磨墨之用。清人许之衡在《饮流斋说瓷》中记载："凡作物形而贮水不多则名曰滴。"砚滴的出现与笔墨的使用和书画的兴起有关。最迟在东晋时期，就出现了各种形状的水盂，人们在使用中发现，用水盂往砚里倒水时，往往水流过量，于是出现了便于掌握水量的器物，这就是砚滴。砚滴也称水滴、水注、书滴、蟾注等。砚滴题材多样，寓意美好，其消费对象往往是达官显。葫芦腹内中空，可以盛水，在葫芦上部的位置可凿一细孔，倾倒时，可以滴出水来，用水时，用一个手指按住，把砚滴移到砚台上时，不会有水洒出，只要略松开手指，便有水滴到砚台上。各式各样的葫芦在清中期就受到了帝王喜爱，被范制成了各种葫芦砚滴。

葫芦笔架

笔架亦称笔搁，是中国传统文房用具之一，是放在案头用来架笔的工具，已有 1500 余年的历史。南北朝时就已有笔架的记载，但传世品还不曾发现。唐代笔架流传下来的极为罕见，但从文献来看，此时的笔架已经成为文房的常设之物。宋代笔架传世品和出土物较多，材质多样，有铜、瓷、石等，其形多为山形。到了明代，笔架成为文房中不可或缺之物，其材质更加多样，不但有珊瑚、玛瑙、水晶，还有瓷、玉、木、葫芦等。清代笔架更胜明代，材质有玉、紫砂、水晶、铜、木、珐琅、象牙等。葫芦作为笔架最为简便和实用，取材方便且可随身携带。葫芦分上下肚，中间凹进去的部分恰巧可以放毛笔。近代书画家尤爱葫芦，经常用小葫芦作为笔架，上下两肚均匀的葫芦造型更受人喜爱。目前，北京琉璃厂有专卖小八宝葫芦制成的笔架，雅趣十足。

葫芦水洗

葫芦作为水洗是有天然优势的。选合适的葫芦，锯开，掏空，内部做大漆处理，即可做成水洗。葫芦外表还可辅以雕刻、烙画等工艺修饰，增加葫芦水洗的艺术性。常见的葫芦水洗在北京故宫博物院中也有展陈。

葫芦砚盒盖

现在北京故宫博物院藏有一块松花江石道光御赏砚，长 13.6 厘米，宽 9.3 厘米，厚 1.5 厘米。据故宫博物院官方网站介绍，该砚为清宫旧藏，以松花江石制，长方形。石肌纹理清晰，绿色横向纹理浅淡相间，如春水绿波，富有天然韵味。砚面光滑，上部墨池雕旋涡纹，与砚石纹理浑然相融。砚背面填朱篆书"道光御赏"四字。砚装入砚匣，匣底为紫檀木嵌牙框，匣盖为匏制，且范制诗文：收百世之阙文，采千载之遗韵。谢朝华之已披，启夕秀于未振。类似葫芦砚盒盖还有多款。

葫芦笔筒

笔筒是另一常见的文房用具之一，常以葫芦、陶瓷、竹木、紫砂等材质制成筒形或者柱子形，用来搁放毛笔，表面有雕刻、烙画、鎏金等装饰，实用性强，收藏价值高。现在我们能够见到的传世笔筒器物，大多是用陶瓷或者竹木制作而成。葫芦

葫芦笔筒

笔筒常见于清宫旧藏，弥足珍贵。很多范制工艺制作的老葫芦笔筒，在拍卖行价格一路飙升。目前我们能够查阅到的故宫藏品中有康熙款匏制八方笔筒、乾隆款匏制福寿纹委角四方笔筒、乾隆款匏制云蝠捧寿纹方笔筒、道光款匏制蝠桃纹笔筒、道光款匏制福寿纹笔筒等，这些葫芦笔筒的器壁有阳文纹饰，或者镶嵌牙口，工艺精湛、造型美观。兴起于明代中晚期的葫芦笔筒在清代得到了发展，器型更加完善，成为文人朝夕相处的良伴。

旧时，葫芦笔筒是帝王书案上的常设之物。乾隆皇帝曾咏葫芦笔筒：

苦叶甘瓠祇佐飡，纵然为器乃壶樽。

岂知贮笔成清供，陡忆含饴拜圣恩。

巧是鸿钧能造物，训垂燕翼见铭言。

错综不易穷理境，经纬何曾达治源。

顿觉廿年成梦幻，那忘十载伴朝昏。

犹然我也如相待，惭愧休为刮目论。

葫芦笔筒因使用方便，得到帝王的喜爱，很快就风靡天下，流行至今。以葫芦工坊为代表的文创企业，运用现代注塑工艺开发设计出了新花样、新图案，提高了生产模具的效率，保证了葫芦笔筒成品率。

过去葫芦笔筒多为桶形或者柱形，采用范制工艺居多。现代葫芦笔筒制作工艺在继承传统技艺的基础上创新，范制模具采用新材料，制作模具也更加简单和快捷，从过去费时费力的手工制模变为 3D 打印制作。

烙画工艺葫芦笔筒　　　　烙画工艺葫芦笔筒　　　　烙画工艺葫芦笔筒
作品《苏轼得砚自愉图》　作品《天道酬勤》　　作品《孔子问礼图》

葫芦镇纸

镇纸是中国文房用具之一，指写字作画时用以压纸的器物，常见的镇纸多为长条形，故也称作镇尺、压尺。最初的镇纸的形状是不固定的。古代文人时常会把小型的青铜器、玉器、匏器等物件放在案头上把玩欣赏，因为它们都有一定的分量，所以人们在玩赏的同时，也会顺手用来压纸或者压书，久而久之，发展成为一种文房用具——镇纸。

常见的葫芦镇纸主要有两种：一种是葫芦形，小细腰，形状与葫芦相似；另一种是将葫芦切开，葫芦朝上，底部镶嵌木板。

镇纸的材质多种多样，以玉、瓷、竹、木、铁、铜居多，上面通常雕刻有兰、菊、梅、竹的图案并配以诗句，也有雕刻动物和人物的。明清镇纸的制作材料比较常见的有玉、石、铜、乌木、紫檀木等，它们大多材质珍贵、雕工精良、设计巧妙。年代久远的镇纸有很高的收藏价值。

第三章

葫芦盛器的装饰艺术

葫芦作为盛器在人类生活的各个角落出现。刚开始，葫芦盛器的表面都比较粗糙，为了方便使用，直接把葫芦锯开一分为二就是瓢，或者把葫芦拼接成各种实用工具。当人类的审美意识提高后，先民们开始尝试用动物骨片、竹针、植物染色等对葫芦盛器进行装饰，葫芦盛器出现了原始的艺术性。

最先出现的装饰艺术工具和材料可能是动物的骨片、竹针、柳条、带颜色的花朵、淤泥、草木灰等。从流传后世的葫芦文物看，编织、雕刻、烙画、拼接等工艺居多，这表明，人类先民很早就熟练运用这些葫芦制作工艺了，并随着生产力的提高而不断升级工艺。当植物染色工艺出现后，人类先民不断地改良工具和模仿自然，对葫芦表面的装饰进行设计。人类先民的心思细腻，动手能力强。他们把动物皮毛、树木纸条等捻成绳编织在葫芦盛器的表面，方便携带和悬挂，不仅增强了葫芦盛器的艺术感，而且使其更加实用。

人类先民在装饰葫芦盛器的时候，主要遵循以下原则：一是美观大方，二是实用方便，三是艺术可塑性强。本章将对现有的葫芦盛器的制作工艺和装饰艺术进行介绍，希望能够为大家带去有用的知识。由于笔者的认知有限，难免会有遗漏和错误，请读者多多批评指正。

编织葫芦

　　编织是人类最古老的手工艺之一。原始社会的人类先民用双手将植物的枝条、叶、茎、皮等加工，互相交错或钩连起来，形成条形、块状，或者不规则几何图形的网兜，内盛葫芦容器，背在身上，或挂在居所，也会用植物韧皮编织成网兜，内盛葫芦火器，抛出以击伤动物或者敌人。

　　初期的葫芦盛器表面图案大部分是十字纹、人字纹，后期则变化万千，多以花朵、几何图形、花鸟鱼虫等形象出现。葫芦盛器的品种有壶、篓、篮、箩、筐等，多以藤、柳、麦秆、动物皮毛、鸟类羽毛等材料编织装饰。在目前我们能够收集到的葫芦盛器里，编织的图案丰富多彩，有的编织技法本身就形成图案花纹。归纳总结后，我们发现葫芦盛器常见的编织技法有编织、包缠、钉串、盘结等。例如，以藤条包缠葫芦水壶、柳编葫芦帽子的边，不仅使其光滑，便于扶拿，而且坚固耐用。

　　葫芦盛器按编织原料划分，主要有草编、棕编、柳编、竹编、藤编、麻编 6 大类。葫芦盛器的编织作品主要有日用品、工艺品、家具、玩具、帽子等 5 类。其中日用品有壶 (水壶、酒壶、药壶)、各式提篮 (葫芦提篮、食盒) 等。

　　经过历史的沉淀和世代发展，葫芦盛器在编织手法、材料、色彩等方面形成了清新、简练、朴素的艺术特色。玉米皮、麦秸、柳树条、藤条、竹篾、麻绳等天然原料浅黄、浅棕、乳白的色彩，给人们以自然美的艺术享受。如非洲大陆的葫芦水壶、葫芦酒壶、我国广西的葫芦提篮等，既呈现柳条典雅的浅棕色，又体现编织工艺的简练粗犷，富有天然野趣。

在工艺上，葫芦盛器的表面通过运用编织、缠扣、钉串等多种技法，编织成丰富多彩的花纹和造型。虽然麻绳、皮毛、麦秸、玉米皮、竹篾、柳条等原料色泽单一，但由于编织工艺的多样化，采用疏密对比、经纬交叉、穿插掩压、粗细对比等手法，使之在编织平面上形成凹凸、起伏、隐现、虚实的浮雕般的艺术效果，增添了色彩层次，同时也展示出精湛的手工技艺。在装饰方法上，编织葫芦盛器还运用串珠、刺绣等新颖手法，使之更加多彩夺目。

编织葫芦盛器　维也纳世界博物馆藏

葫芦帽子　菲律宾

编织葫芦　非洲祖鲁部落　　　　串珠编织葫芦　非洲祖鲁部落

用葫芦、植物纤维、珠子、金属、　　用葫芦、植物纤维编织而成的葫
兽皮编织而成的肯尼亚葫芦盛器　　芦罐　徐浩然收藏

在非洲，部落艺术最令人印象深刻的事情之一是它能够将日常原材料转化为特殊而美丽的东西。以不起眼的葫芦为例，当人类先民将葫芦晒干，掏空里面的果肉瓤瓤，葫芦就会慢慢变硬且不漏水。在没有瓶、罐或塑料化工容器的年代，这种葫芦就成为最理想的装药、装水、装酒的容器。南非祖鲁部落常用的葫芦盛器，用来盛装鼻烟粉、萨满教所用的药品或魔法药水。这是一种非常独特和漂亮的编织葫芦，可以在家中展示或作为礼物赠送客人。而串珠编织而成的葫芦容器，在非洲大陆非常普遍，外表粗犷但艺术感非常强烈。这些葫芦盛器起初都是生活容器，如今成为工艺品和艺术品在世界上销售。

编织葫芦盛器　广西瑶族　　　　印第安人葫芦编织盛器　徐浩然收藏

印第安人葫芦编织盛器　徐浩然收藏

喀麦隆葫芦水壶　使用藤条、植物纤维编织而成，葫芦一般是圆底的，因此不会自己直立，需要某种支架或者底座来保持直立

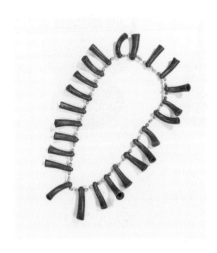

肯尼亚编织葫芦串　祭祀用品

加纳编织葫芦乐器　乔伊·阿吉蓬提供

加纳编织葫芦拨浪鼓

编织葫芦　徐浩然收藏

　　民国时期，广西六堡茶农会为出嫁的女儿在精致的竹编用具中备六堡茶和盐；茶源于山，盐源于海，象征新人山盟海誓的爱情。六堡茶茶汤中加入少许食盐，茶汤口感变鲜，显得更绵滑。

范制葫芦

　　原本以为，范制葫芦是中国人的专利，但在研究世界范围的葫芦文化时，笔者发现范制葫芦在全世界普遍存在。范制葫芦，又称模子葫芦、范匏、模具葫芦等，就是将幼小的葫芦，纳入刻有阴文的模具中，葫芦长大，逐渐填实模具内部的空间，等葫芦成熟以后打开模具，待葫芦木质化后刮皮晒干，范模的阴刻图文便在葫芦上作阳文显示出来。

　　范制是制作葫芦盛器最有效的方法之一，可以按照人们的想法，种出人们想要的生活器皿。范制葫芦按用途大体可以分为实用器和陈设品两大类，从各种生活器皿到文房用具，乃至赏玩摆设之物，应有尽有。这些作品精致小巧，反映了各个时代的工艺美术技艺，是世界葫芦文化中的珍贵遗产。

　　范制葫芦不仅实用价值高，还具有独特的艺术价值。那些经过收藏者长期把玩的传世器物，更给人以古朴、凝重的美感。范制葫芦的表面可以产生繁复的图案，通过改变葫芦的形态，达到一种奇妙的艺术美感。每年制成的葫芦范制工艺品数不胜数，有碗、盆、瓶、壶、盒、罐、炉等，用作文房用品和家居陈设品等。

　　范制葫芦可以装药、盛烟和饲虫，还可以做单纯的观赏摆件。陈年葫芦色黄如金，时间越久，颜色越深。再加上几十年乃至上百年的把玩盘抚，包浆最后达到紫润光洁的程度，古色古香，令人赏心悦目。国内顶级的范制葫芦常见于故宫，多用于鼻烟壶、虫具、文房四宝等。仅从现存实物来看，清代范制葫芦器有杯、盘、碗、盒、笔筒、瓶、盖罐、寿桃、如意、尊、炉、扁壶、砚盒、香盒、鼻烟壶及虫具等。清代范制葫芦的花纹图案取材广泛，内容极为丰富并在康乾盛世达到顶峰。

中国范制葫芦讲究形状完美、造型完整，葫芦内部和外壁都会做精细化处理，力求完美统一。国外的范制葫芦多见于生活实用器，并且无内部装饰。这是中西方范制葫芦的本质区别，代表了两种不同的文化价值观。

范制葫芦　揉手葫芦　　　　　范制工艺　葫芦茶叶筒

范制葫芦在生产制作中必不可少的环节就是模具的制作。传统葫芦模具起源于我国，应用较为广泛。随着新材料和化工产业的发展，欧美人在葫芦模具的材料上研究较多，值得我们学习和借鉴。同时，也给从事范制葫芦制作的手艺人们以启发，应该从新材料和实用的角度多去思考和创新，尽快开发出一些实用性强、有创意的范制葫芦盛器，以延续范制葫芦工艺和满足市场需求。

国外范制葫芦

范制葫芦水滴　英国维多利亚博物馆藏

范制押花葫芦瓶　李建钧收藏

大漆葫芦围棋罐

彩绘葫芦

古时候人类先民最早采用木炭或者植物色彩在葫芦上面画画，这是现代彩绘的朦胧形态。

彩绘在隋唐时期被大量地运用，到明清时达到鼎盛，这一时期，葫芦盛器上的彩绘技术和图案也发生了质的变化。中国的彩绘葫芦盛器是用毛笔蘸水、墨、颜料在葫芦上作画。工具和材料有毛笔、墨、国画颜料等，题材可分为人物、山水、花鸟等，技法可分为具象、写意、写实、工笔。这是区别于西方彩绘葫芦的根本之处。彩绘葫芦在内容和艺术创作上，体现了古人对自然、社会及与之相关联的政治、哲学、宗教、道德、文艺等方面的认知。欧美葫芦上的彩绘主要是油画，所用颜料也是以丙烯颜料为主。这些颜料混合清漆有很好的防水性，不易掉色，可以大大增加葫芦盛器的使用寿命。但丙烯颜料有一个缺点，就是一旦画错不太容易清洗，一般需要专门的清洗液才能去除干净。笔者在葡萄牙见过一种彩绘葫芦技法，是把葫芦表面糊上硬纸，然后彩绘作画，再裹上亮油，形成一个层次感突出的彩绘葫芦盛器。

彩绘葫芦辅以火画、雕刻和漆艺，使葫芦色彩亮丽而富有层次感。手艺人的表现手法不同，风格也不同，很容易创作出别具一格的彩绘葫芦作品，现在艺术品拍卖市场上，彩绘葫芦盛器也非常受欢迎。

印度葫芦琴　　　　　　　　　　印度葫芦乐器

彩绘葫芦娃娃局部　阮文辉画　　　　彩绘葫芦娃娃　阮文辉画

彩绘葫芦罐局部　阮文辉画　　　　彩绘葫芦罐　阮文辉画

彩绘葫芦罐　徐浩然收藏

漆艺葫芦

漆艺葫芦也叫葫芦漆画或漆画葫芦。漆画是以天然大漆为主要材料的绘画，除漆之外，还有金、银、铅、锡以及蛋壳、贝壳、石片、木片等材料。入漆颜料除银朱之外，还有石黄、钛白、钛青蓝、钛青绿等。漆画的技法丰富多彩。依据其技法不同，漆艺又可分成刻漆、堆漆、雕漆、嵌漆、彩绘、磨漆等不同工艺技法。漆画有绘画和工艺的双重性，使用周期长，易保存，具有收藏和实用双重价值，因此漆艺葫芦一直备受藏家喜爱。

大漆是一种天然树脂涂料，是割开漆树树皮，从韧皮内流出的白色黏性乳液经加工而制成的涂料。"漆之为用，始于书竹简，而舜作食器，黑漆之，禹作祭器，黑漆其外，朱画其内"，这一历史记载印证了我国是世界上发现和使用大漆最早的国家。日本也有丰富多彩的漆艺葫芦作品。

现代漆艺手艺人们将传统漆艺与日常用具结合，将几千年的漆艺文化带入寻常百姓家。近些年，品茗、燃香、插花和文玩收藏在国内盛行，以修复陶瓷、紫砂器皿为主的大漆修复工艺技法也在葫芦工艺中复原。葫芦漆器通常有葫芦大漆茶则、葫芦大漆香炉、葫芦大漆茶杯、葫芦大漆耳坠等，也常见于家居家具、文房四宝、文玩手把件等。

印度的主要民族乐器，下面是两个空心的彩绘刷漆葫芦

印度的主要民族乐器，下面是一个空心的彩绘刷漆葫芦

也有一部分葫芦手艺人采用化学推光漆进行葫芦艺术创作，精品也非常多，新花样层出不穷。波兰、葡萄牙、美国、韩国的葫芦艺术家在漆艺葫芦方面也有所建树。葫芦上的漆艺工艺形象生动可爱、色泽鲜艳，表现的题材内容广泛，有花卉、飞禽、走兽、仕女、历史人物等。近些年的漆艺葫芦盛器作品主要是居家装饰品、礼品、饰品、纪念品、商务礼品等。

还有一种"描金画"的葫芦盛器，是以黑漆作底，然后以笔蘸金粉在葫芦盛器上作画，或是贴上金箔，给人以高贵、典雅、稳重的感觉。这类作品常见于日本葫芦漆器。

　　漆艺在火药葫芦上也曾应用过一段时间，就是把装火药的葫芦盛器表面涂抹大漆，以起到保存葫芦的作用。

日本描金漆艺葫芦　　　　日本漆金葫芦　原洋佑斋
酒井法一制作

漆艺葫芦茶杯、茶勺

押花葫芦

押花葫芦又叫掐花、矹花葫芦，是用金属刀片、玛瑙、玉、牙等制成的押花刀具，在葫芦表面挤压出各种图案，如几何图形、山水画、人物图等，效果独特。纵观世界葫芦文化史料，我国是最早也是最主要的掌握葫芦押花工艺的国家之一。押花葫芦主要集中在清朝，配合范制葫芦创作，常见于葫芦文房用具和文玩葫芦小把件。目前，大量的押花葫芦文物流失于海外，沉睡在国外的博物馆里。让人欣慰的是，这项非物质文化遗产没有消失，国内许多葫芦种植户、葫芦手艺人经过不懈努力，传承和发扬了葫芦押花工艺，并在古人基础上进行了工艺工具和图案素材的创新。

押花葫芦的好处是不破坏葫芦的表皮，没有坑坑洼洼，是收藏和把玩的葫芦之一，常见于葫芦鼻烟壶、葫芦笔筒、葫芦花瓶等盛器。从康熙到道光年间，押花葫芦逐渐形成流派，名家辈出，特别是晚清民国时期。据葫芦工坊的设计师张雷介绍，一般的押花工匠都是先打草稿，在葫芦上画出所需花纹图案，用刀刃的一头尖靠近花纹的外侧，沿着花边进行按压，力度适中，刀压过后出现一条呈斜面的凹沟，靠花纹的一侧较深。花纹的另一侧也是这样操作，这样花纹就凸现出来。如果是比较精细的花纹图案，则需要十分耐心和细致。真正的押花高手是不需要打草稿的，直接在葫芦上用玛瑙刀即兴押花，因为图纸腹稿在他们的心里。也许同一个题材做的次数太多了，也就有了一气呵成的能力。

　　制作押花葫芦的基本功是构图设计和力度把控。一个完整的押花葫芦无论从哪个角度看，都要构图优美，比例协调。另外是押花技法，既要有层次感，又要充满立体感。因此要用玛瑙刀一遍一遍地押、赶、挤、按，使葫芦表面呈现浮雕花纹，突出韵味，保持线条流畅。

　　当下葫芦市场上，押花与火画、拼接、范制等工艺结合的作品被奉为上等收藏佳品。

押花工艺虫鸣葫芦

拼接葫芦

　　拼接葫芦就是取葫芦的一部分或者几个葫芦拼接在一起，改造成新的艺术造型，再进行二次加工创作，比如运用镶嵌、镂空、粘黏等工艺使葫芦造型优美奇异。拼接后的葫芦有实用性和美观性，同时也能废物利用，解决了葫芦创作过程中的材料浪费问题。

　　葫芦的加工创作在内容、形式、技术各方面都日趋丰富和完善，由于拼接工艺的使用，葫芦艺术突破了原物大小的限制，使较大面积的葫芦艺术成为可能，使葫芦器具的制作更加方便灵活。葫芦茶海、葫芦茶盘、葫芦香具等都可以见到拼接工艺的应用。

　　拼接葫芦的好处是操作简单，加工方式灵活，表现方式不受限，可以广泛地应用于工艺美术。拼接葫芦解决了葫芦原材料的浪费问题，也提升了葫芦的艺术价值和经济价值。在广大农村，很多废弃的葫芦成了柴火。经过能工巧匠们的设计，一块葫芦碎片就能设计出耳环、冰箱贴、挂件等物件，其经济价值已经远远超出一个素葫芦的市场价格。这也就是葫芦作为工艺美术品的奥妙之处。

　　目前市面上的拼接葫芦五花八门，国内手艺人侧重于实用性，欧美葫芦艺术家则突出拼接后的设计感和艺术性，体现了截然不同的两种文化风格。以中国为代表的拼接葫芦主要集中在葫芦玩偶、葫芦茶具、文房四宝等方面。欧美的拼接葫芦则突出精神崇拜。不同的文化培育出不同的葫芦文化。

拼接葫芦水壶

拼接工艺葫芦摆台

拼接工艺葫芦表

葫芦茶海四件套　徐文慧收藏　毕尚宏拍摄

拼接工艺葫芦茶叶罐

葫芦框画

烙画葫芦

烙画过去又称烫画、火笔画。工艺美术师们用烙铁在葫芦上熨出烙痕作画，与葫芦融为一体且能长久保存、收藏，艺术价值极高。烙画具有悠久的历史和独特的艺术风格。烙画创作在把握火候、力度的同时，注重构图设计，遵循中国传统国画"意在笔先、落笔成形"的思路。烙画不仅运用中国画的勾、勒、点、染、擦、白描等手法，还可以熨出丰富的层次与色调，具有较强的立体感，因此烙画既能保持传统绘画的民族风格，又能达到西洋画严谨的写实效果。

随着手工艺人技能的提高，葫芦烙画技法也发展出润色、烫刻、细描和烘晕、渲染等技法。烙画作品一般呈深、浅褐色，古朴典雅，清晰秀丽，其特有的高低不平的肌理变化具有一定的浮雕效果，别具一格。特别是现在葫芦形态千奇百怪，为葫芦烙画提供了丰富多彩的载体，加上艺术家的奇思妙想和高超技法，几乎每一件烙画葫芦作品都堪称独具特色的艺术品。

中国传统烙画经渲染、着色后，可产生更加强烈的艺术感染力。另外，还有"套色烙画"和"填彩烙画"使传统烙画艺术锦上添花。所以，可以根据创作主题的不同，采用不同的技法作画，再填色，或略施淡彩，形成清新淡雅的风格；或重彩填色，形成强烈的装饰效果。近些年，工艺美术材料发展非常迅速，出现了防水颜料，一些手工艺人在进行烙画填色时就应用到了这种新颜料，制作出来的葫芦烙画作品都非常精美。

雕刻葫芦

葫芦雕刻，顾名思义，就是在葫芦上刻字雕画，使其成为供人欣赏的葫芦艺术品。葫芦雕刻是一种立体艺术，经过艺人的不断研究、摸索，工艺水平不断提高，逐渐形成了专门的葫芦雕刻艺术。近年来，又有很多优秀的手艺人创新了雕刻技法，出现了镂空、浮雕等葫芦艺术表现形式。有的雕刻师傅还创作出仿水墨、写意的名家山水画作品，并模仿吴昌硕、任伯年、徐悲鸿、齐白石的画韵，创造出独具风格的彩刻葫芦。

在葫芦雕刻艺术创作中，最有意义的探索是运用各种刀法，恰到好处地体现出手艺人的创作思想。刀法好比书法、绘画中的笔触，它能起到加强、丰富作品艺术效果的作用。

葫芦雕刻的主要雕法与木刻石雕有异曲同工之妙，比如阳雕、阴雕、透雕、双勾勒等。主要刀法有直刀、平推刀、外侧刀、内侧刀、顺行刀、逆行刀、挑刀、垛刀、切刀等。这些雕法和刀法基本是从木刻、石雕等工艺中借鉴而来的。下刀之前要稳住葫芦，施刀要做到心静气稳，力求准确度高，用力适中，行刀缓稳，只有这样才能雕出一件精美的葫芦工艺品。

业内老前辈在分享创作经验时说，时常有人在临摹一张好画时，感到最难的莫过于笔触，因为笔触是作者的心灵与技巧相结合的产物，是任何模仿都难以体现的东西。所以只有掌握技巧并不断地积累经验，才能练就理想的真正属于自己的刀法。那种木纹与雕痕、光滑与粗糙、凹面与凸面、圆刀排列、平刀切削……它们体现的艺术魅力是其他材质的雕塑无法达到的。总之，刀法就是雕刻家用来体现自己创作构思的技术手法，也是形象地揭示艺术内容的手段。运刀的转折、顿挫、凹凸、起伏，都是为了使作品更加生动自然，以充分体现雕刻的材质美，体现丰富的雕琢美。微雕施工面积极小，没有相当高的书法功底和熟练的微雕技能是难以完成的。

李卫国针刻微雕与范制葫芦相结合作品

莫桑比克雕刻葫芦作品

针刻仕女图的中国鼻烟壶

左为雕花葫芦水壶　纽约 汤姆·威纳克庄园提供

克罗地亚雕刻葫芦作品

葫芦水壶　科西嘉岛博物馆藏

雕刻葫芦水壶　科西嘉岛博物馆藏

雕刻葫芦虫鸣工具

一个刻有穿山甲和鹦鹉图案的葫芦乐器

埃塞俄比亚雕刻葫芦盛器

夏威夷雕刻葫芦容器　毕夏普博物馆藏

夏威夷雕刻葫芦碗　　法国雕刻葫芦盛器　　夏 威 夷 葫 芦 水
　　　　　　　　　　　　　　　　　　　　　壶、葫芦碟

雕刻葫芦摆件 　　　　　　墨西哥雕刻葫芦容器

阮氏葫芦雕刻艺术

被誉为"中国一绝"的特种工艺——甘肃雕刻葫芦流传数百年之久。

2006年甘肃省首批非物质文化遗产项目——阮氏雕刻艺术经过四代艺术家的不断发展和传承，形成了阮氏独特的艺术风格。阮氏艺术创始人阮光宇先生用自己高超的书画和雕刻技艺将葫芦文化的层次提高，并把这一传统技艺传于后代。阮氏第二代传人、著名书画家阮文辉先生是亚太地区工艺美术大师，也是甘肃首位工艺美术大师。他高超的技艺使甘肃的雕刻艺术登上了高雅艺术的殿堂。阮氏第三代传人阮琦、阮琳、阮力及弟子吕崇辉、马胜中均为甘肃省工艺美术大师，其中阮琳是兰州雕刻葫芦的非物质文化遗产传承人、金城文化名家。他们具有良好的书、画、刻等方面的艺术修养，不仅传承了雕刻葫芦的技艺，还将甘肃的地方特色带到世博会、进博会等大型展会中，并多次出访日本、俄罗斯、以色列、蒙古等国，把甘肃的雕刻艺术推向了世界，让世界各地的人们感受到了甘肃艺术工作者精湛的技艺，以及甘肃的地方文化魅力。如今，阮氏第四代传承人阮一舟、阮熙越、阮涤尘等在高等艺术院校学习，在家传艺术熏陶之下，也正齐头并进。其中，阮一舟、阮熙越已成为甘肃省工艺美术大师。他们的雕刻葫芦作品曾多次获得甘肃工艺美术行业"百花奖"、中国工艺美术行业"百花杯"。他们以年轻人的视角和审美，在作品创作中注入了新鲜元素，将这门百年的传统手工艺更好地传承了下去。这将是阮氏艺术更上一层楼的新生一代。

《江雪》正面　阮琳刻

《江雪》背面　阮琳刻

《阳关》　阮琳刻

《品茗图》
阮琳刻

《福首》　阮琳刻

勒扎葫芦

　　勒扎葫芦又叫系绳葫芦，主要是借助外力和辅助工具在葫芦的生长过程中进行人为干预，促使葫芦长成人们想要的形态。近些年，受市场吹捧的勒扎葫芦造型有如意、天鹅等。勒扎葫芦大多采用勒扎与挽结手法在瓢葫芦、扁圆葫芦、亚腰葫芦或长颈葫芦上进行创作。如梅花瓣葫芦的勒扎过程就比较简单，在葫芦幼小的时候，农艺师用比较柔韧的绳索编织成网兜，然后将网兜套在葫芦的特定部位，进而改变其生长形态。这样，当葫芦果实长成之后，就会在表面勒扎出与网兜网眼形状相同的网状凹痕。刮皮晒干后，这件葫芦的花瓣形状宛若天成，凹痕的深浅疏密、花瓣的形状、线条的粗细，全都是由所使用的网兜孔目而决定的，看上去就像是由很多菱形拼合而成，让人感到很新奇。勒扎不仅使葫芦表面形成纹理，还可以改变葫芦的造型，与"曲梅"的制作方法异曲同工。

　　勒扎葫芦通常以线条和纹理的匀称为美，匀称、完整、造型逼真的葫芦才能称之为上品。因此，勒扎葫芦就有了精粗、巧拙的差别，收藏价值也由此区分开来。

　　勒扎选用的葫芦通常是长葫芦（瓠子）油锤，尽量不要用体形粗大弯曲的葫芦做原器，以防止葫芦造型变形。勒扎工艺较为

容易控制葫芦脖颈的粗细，而控制
腹部粗细的难度大，需要同时使用
多种技巧。

勒扎天鹅葫芦

另外需要注意的一点是，当葫
芦开花的时候，一定要及时将花扶
正，使花蕊垂直向下，这样长出来
的葫芦才周正；否则，即使下腹粗细合适，葫芦依然歪斜难看。

勒扎所用的模具较简单，只是一件木制或陶制的套环，粗细
适度，高矮不等。高套环套出来的葫芦脖长，矮套环套出来的葫
芦脖短。套环的内侧成凸形，以决定葫芦脖颈的曲线。套环的粗
细一般难掌握，最常见的情况是葫芦勒扎尚好，可惜下腹过于膨大，
所以勒扎葫芦的成功率是很低的。

使用勒扎工艺种出来的葫芦，造型各异，让人叹为观止。勒
扎葫芦除了能做成上文所说的鼻烟壶外，还可以制成揉手、呼鸟
以及其他各种生活摆件，不仅可以供人闲暇之余把玩，而且具有
很高的实用价值。勒扎葫芦工艺并非中国独有，在非洲和南美洲
都有大量的文物出现。

勒扎葫芦容器

黑色勒扎葫芦

镶嵌葫芦

镶嵌葫芦，顾名思义就是在葫芦上镶嵌金银、瓷片、贝壳等。在中国,镶嵌的历史十分悠久。我们常见的镶嵌葫芦有葫芦鼻烟壶、葫芦香囊、葫芦容器等。

镶嵌绿松石的大葫芦花瓶

镶嵌石头的酒葫芦

勒扎镶嵌工艺葫芦茶壶 窦静收藏

镶嵌工艺葫芦手串 内嵌玳瑁、铜管、朱砂 徐浩然收藏

范制镶嵌工艺葫芦盛器　　镶嵌工艺葫芦手串　内嵌椰子壳　徐浩然收藏

镶嵌工艺葫芦虫具罐　李朋阳收藏

李卫国针刻
微雕作品《四大
天王》葫芦虫具

《四美图》　阮琳刻　　　　　《山居》　阮琳刻

镶嵌黄铜、铜丝的葫芦盛器

李卫国针刻微雕作品《麒麟
送子图》鸡心蝈蝈葫芦

拼接烙画葫芦作品《福禄多余》

雕漆葫芦

雕漆工艺是中华民族传统工艺的瑰宝，与景泰蓝、象牙雕刻、玉雕一起被誉为京城工艺"四大名旦"，雕漆工艺，是把天然漆料在漆胎上涂几十层到几百层漆（厚 15 ～ 25 毫米），再用刀在堆起的平面漆胎上雕刻花纹的技法。由于色彩不同，有"剔红""剔黑""剔彩"及"剔犀"等不同的名目。其造型古朴庄重，纹饰精美考究，色泽光润，形态典雅，并有防潮、抗热、耐酸碱、不变形、不变质的特点。

雕漆葫芦
北京工美金作工坊收藏

雕漆葫芦 郑颐收藏

第四章

葫芦盛器的发展与传承

葫芦盛器的过去与未来

  在人类历史长河中，葫芦盛器曾经有过短暂灿烂的历史。葫芦盛器曾应用于农、林、牧、军事等诸多领域，发挥过重要作用。尽管葫芦在诸多领域发挥过重要的作用，但也难逃生产力发展带来的衰落。

  随着人类生产力的提高，金属工具和现代化农机的出现，以葫芦、竹、椰子壳、木器等为首的传统手工业制品被直接淘汰了。工业革命以后的现代纺织技术直接导致农村纺织业的消亡，传统的手工纺车、轧花机都成了民俗文物。过去我们常用葫芦盛器作为播种工具、脱籽工具等，现在也已经极少见到，人们只能在各地的民俗博物馆里观赏。

  伴随着人类生活水平的提高和审美观念的差异化，葫芦作为生活盛器也被金属、陶瓷等产品代替或者淘汰。人们更加追求价格低廉的工业化产品。现代化的生产物料逐渐更新换代，以葫芦、竹木做成的容器、酒具、药壶等盛器仅仅保留了文化属性陈列在博物馆里，或者作为观赏性旅游商品在景区销售。

  现代工业化几乎完全代替了传统手工业。我国 20 世纪还常见的葫芦招幌、葫芦乐器、葫芦渔具等现在几乎见不到了。用葫芦过河渡江、用葫芦播种储物的时代也一去不复返了。

葫芦乐器也遭到了现代科技的冲击。葫芦制作的乐器仅在少数民族地区还有零星的使用群体，传统材质的乐器逐渐被金属材质的乐器取代。

近些年，随着商品化经济的发展，葫芦种植的面积越来越小，从业人员也越来越少。葫芦的社会功能缩小，很多葫芦盛器早已名存实亡。葫芦作为自然界最古老的物种之一，因其自身的性质和功能在人类发展史上留下光辉灿烂的一页之后也走向了边缘化。那么，下一步如何继承葫芦工艺和传播葫芦文化，就是留给当下葫芦从业人员的一个最大"命题作业"了。

范制葫芦茶叶罐

伴随着社会文明的发展，葫芦盛器并没有完全消亡。近些年在有识之士的努力和倡议之下，葫芦文化、葫芦技艺正在被挖掘和创新。随着现代旅游业的发展和保护传统文化意识的提高，葫芦盛器的文化属性正在被进一步挖掘和再利用。如举办葫芦节庆活动、葫芦展览，申请非遗项目，开展葫芦技艺培训和出版图书等。

葫芦盛器的用途和文化性都是世界性的。在葫芦的种植和葫芦盛器的制作方面，要发挥互联网传播的优势，运用新材料、新工艺、新技术，开发出新的葫芦盛器，并借助现代化传播手段和运输工具，进行葫芦盛器的国际贸易，开展葫芦文化的国际交流活动，促进各国葫芦手艺人的跨国交流。

要紧紧围绕葫芦的起源、分布、种类、工艺、功能和用途进行全面系统化的归纳总结，将传统葫芦盛器文化和旅游业、人工智能、大数据、非遗保护等结合起来进行探索实践。畅想世界范围内，每个国家都有一座葫芦博物馆、一家葫芦盛器龙头企业、一个葫芦协会、一所葫芦技艺培训学校，进而实现葫芦文化交流和技艺切磋，重视手工价值，从而进行公平有效的葫芦贸易，必将带动世界各地的葫芦种植业、葫芦加工业。世界各国的葫芦从业人员正在围绕这一目标进行有益的探索和实践。土耳其的葫芦从业人员专注于葫芦灯具的设计开发，在地中海沿岸旅游城市开店售卖；中国在很多城市都举办过葫芦节庆活动，并开展非遗项目认定；日本有国家级葫芦协会并定期举办葫芦展览；美国目前拥有人数最多的葫芦从业人员，并定期开展培训和展览展销，走在了葫芦盛器发展的前列。葡萄牙、意大利则成为欧洲举办葫芦展销会最为活跃的国家。每年，里斯本、米兰都会举办世界性手工艺博览会，葫芦从业人员也借此机会售卖、聚集和交流。现代互联网技术的发展也促进了葫芦工艺品的在线网络拍卖和国际贸易。

现代农业技术和肥料生产技术的发展，促进了葫芦种植业的发展和繁荣，解决了葫芦所需的化肥和病虫害问题。人工智能和大数据技术的应用则解决了葫芦的种植技术和产量问题。近些年，葫芦杂交品种越来越多，新工艺层出不穷，也促进了葫芦艺术的更新换代。虽然，葫芦在农具、乐器、武器方面的应用越来越少，但在食品、旅游商品、工艺品、饲料方面得到了发展和创新。围绕中华民俗文化、现代旅游观光、乡村振兴、田园综合体、美丽乡村等主题，葫芦的功能和应用也在及时调整，葫芦在香道、花道、中医、家居装饰、园艺等领域继续发挥着重要作用。发挥葫芦的文化属性，积极开展葫芦的制作体验活动，扩大葫芦的使用范围，可以刺激葫芦种植业。在新的领域推广葫芦制品，可以反哺葫芦种植业。

在现代家居装修设计和摆设方面，可以将古人哲学思想、美学设计和现代葫芦装饰摆设结合起来。无论是景观设计还是生活环境艺术设计，都可以融入葫芦盛器元素。例如，葫芦盛器可以作为摆件、灯具等应用在别墅、酒店会所、商场等场所，既能增强装潢效果，也能提高葫芦制品的经济价值。葫芦盛器也是最为环保的家居装饰品之一，以葫芦灯具为例，雕刻镂空的葫芦艺术灯适用于现代简约、恬淡田园、欧式古堡等装饰风格。

各式各样的葫芦花器、鸟窝在现代园艺中的应用也很多。葫芦盛器应用在传统香道、文房用具、中医养生、芳香美容等领域，给人温馨、安全、古朴的美妙体验。在快速发展的现代社会，人们的生活水平日益提高，对精神生活和康养的要求越来越高。葫芦盛器作为饮茶、闻香、插花的日常生活用具也得到极大的发展，工艺精益求精。传统文玩杂项和艺术品拍卖圈子里，社会名流争相收藏葫芦制成的香囊、粉盒、打火机、茶叶罐等物件。

习近平总书记在党的十九大报告中明确指出："文化是一个国家、一个民族的灵魂。文化兴国运兴，文化强民族强。"让优秀传统文化走进中小学校园以夯实中华文明的基石，是目前学校教育的重要任务，要把它作为固本工程和铸魂工程来抓。葫芦文化作为我国传统文化的重要组成部分走进中小学校园，符合我国中小学教书育人、文化育人的主旨。在北京以及山东、云南、甘肃等地有非常多葫芦文化进校园的教学案例。很多中小学开设了葫芦工艺体验课，发放了葫芦盛器制作工具包，还组织学生到葫芦种植园开展研学旅游，这些举措都收到了非常好的反馈。

国内外很多葫芦手艺人都在努力将葫芦文化和旅游结合起来，创作葫芦文化产品在旅游景区销售，参加旅游商品大赛，为葫芦盛器提供了更大的展示空间。

珍惜葫芦文化遗产，珍爱葫芦盛器，培养葫芦手艺人才，加强世界葫芦文化的交流与互动，有助于葫芦文化产业的蓬勃发展。

葫芦盛器的收藏价值

中国是一个文化古国，也是一个文物收藏大国。收藏家的收集对象通常是有价值的古董，但也可能是邮票、葫芦盛器等较为主流的收集项目。葫芦盛器作为日常生活用器极易保管保存，因此很多葫芦盛器在人类使用的过程中流传了下来。随着时间和物主的更替，很多葫芦盛器变成了文物，因此，也就具有了收藏价值。

范制葫芦 金元宝

随着我国经济的飞速发展和人民生活水平的日益提高，人们越来越重视投资理财。从投资股票、期货、房地产开始，逐渐转向艺术品和（法律允许可拍卖的）文物藏品，其中民间的葫芦盛器等老物件，逐渐出现在世界拍卖行。葫芦盛器的拍卖价格逐年升高，鉴于货币贬值、金融汇率变化及葫芦盛器的唯一性，拍卖价格越来越高。日本、美国、英国等国家出现了专业的葫芦盛器收藏团体。

法国尼斯民谚讲："家无葫芦，犹如空巢。"我国台湾地区的乡间也流传一句谚语："厝内一粒瓠，家风才会富。"意思是说，在家里摆放一个葫芦，才可能发财、富有。葫芦甚至还曾作为海地的国家货币使用。

千百年来，葫芦作为一种吉祥之物、手把件、盛器，一直受到人们的喜爱和珍藏。自然长成、摘下即可把玩的葫芦，业内称之为"本长葫芦"，那些经过传统手工艺加工的葫芦，则称之为"匏器"或"葫芦器"。古代很多帝王都喜爱葫芦并亲自种植葫芦，最有名的就是康熙、雍正、乾隆皇帝。通常考察一种收藏品，会从稀缺性、保值性、升值性、可流通性等方面考察。在文玩收藏界中曾有"穷玩葫芦富玩玉"的说法，这里的"穷"字是指葫芦的受众人群广，连平民百姓都玩得起。另外，中华文玩有"上五玩"和"下五玩"之说，这里面就有葫芦。这些民谚俗语充分验证了葫芦盛器的收藏价值高、可流通性强。

葫芦盛器在琳琅满目的中华收藏品之中极为珍贵。葫芦盛器保值、增值有多种原因。从原材料来看，葫芦盛器的原材料价格越来越贵。近些年受世界经济形势的影响，葫芦种植户越来越少，种植面积也在逐年缩小。葫芦是一年生植物，春种秋收，要经过狂风暴雨和冰雹虫害的洗礼，还要刮皮晒干（多则 2 个月），农村葫芦种植户说的葫芦难伺候也正是基于此。经过葫芦手艺人的设计加工，最后呈现出一件件满意的葫芦工艺品，也是耗时耗力。随着电商的迅猛发展和社会分工的精细化，人力资源成本越来越高，成熟的葫芦手艺人培养费用越来越高。从产量来看，纯手工制作的葫芦盛器，产量极其有限。从其他生产要素来看，综合成本也是逐年增高，所以葫芦盛器的售价几乎是成倍增长。

葫芦盛器具有丰富多彩的题材、吉祥福禄的寓意、精巧细致的技艺、高贵典雅的气质。精致的葫芦盛器能够反映出葫芦手艺人的巧思，上等的葫芦盛器具有很高的观赏价值，耐人品味。特别是一些寓意好、工艺精湛的葫芦盛器，代表着人们的美好愿望与感情寄托，观赏把玩一件精美的葫芦盛器，就是一种精神享受。

八字扣挽结工艺葫芦拂尘　郑颀收藏

一切收藏品在长期保存过程中都存在氧化、霉变、破碎、老化等极难解决的问题，有时候一不小心就会使藏品的价值受损，甚至分文不值，很多藏品丰富的藏友都为自己的藏品保管问题深感困惑。唯独葫芦收藏者没有这样的担忧，因为葫芦的稳定性极好，不需要恒温恒湿的环境。

收藏葫芦盛器，要善于区分葫芦工艺品和葫芦艺术品。葫芦工艺品指一般可大批生产、重复制作而没有艺术附加值的葫芦盛器。葫芦艺术品则是倾注了手艺人的思想和智慧、有艺术观赏性和文化属性的作品。通过葫芦盛器的制作工艺可以区分出技艺高低，特别是一些名家大师精心设计制作的葫芦艺术品，其艺术附加值是无法估量的。因此，只有葫芦盛器中的精品才能升值、保值，才有可能流通增值变现。

通常选择葫芦盛器收藏，从形状上看，要选择形状好、品质好、无外伤的葫芦，大小均可。从工艺上看，要选择工艺精湛、设计新颖、寓意构图精妙的葫芦，如范制、镶嵌、烙画、雕刻、勒扎葫芦等都可以广泛收集。另外，还要考察手艺人的师承、技艺水平、从业履历等。优秀的葫芦藏品还要反映手艺人的文化修养，这是使葫芦盛器成为藏品的重要原因之一。通常曝光率越高的葫芦盛器流通性也越好，因此会受到广大藏家青睐。再者，收藏价值高的葫芦盛器藏品会经常出现在一些专著、活动展览和媒体报道中，公认的具备收藏价值的葫芦盛器藏品才具备保值升值作用。

在收藏葫芦盛器的过程中，一定要了解葫芦文化，熟知葫芦工艺，深入葫芦收藏圈子，知根知底才能把握得住收藏机会，拿得住收藏藏品。

拼接镶嵌工艺葫芦茶壶　郑顿收藏

经常有朋友问我：哪些葫芦值得收藏？什么样的葫芦保值增值？其实，收藏葫芦艺术品也有一些收藏原则。

（1）当代名家作品、曝光率高的葫芦艺术品优先收藏。

（2）作品年代久远并且传承有序的葫芦艺术品优先收藏。

（3）做工精致、匠心独运、设计巧妙的当代艺术家作品优先收藏。

（4）口碑好、人品正、圈内人认可且有固定粉丝群的当代葫芦艺术家的作品优先收藏。

（5）作品曾在报纸、杂志等媒体或展览上出现过，有视频或者纸质资料留作佐证的当代艺术家的作品优先收藏。

（6）经知名拍卖公司拍卖师或艺术同行推介和评价较高的当代艺术家的作品优先收藏。

（7）收藏葫芦不看葫芦大小，主要看葫芦的造型、设计内容、制作工艺、设计思想等。好的葫芦作品都能反映艺术家的思想。

葫芦盛器的文创开发

　　葫芦盛器因其实用性而经久不衰，在工业文明的冲击下依然保持了一定数量。比如葫芦作为水瓢，在某些农村地区仍在使用。随着时代的发展，葫芦盛器几乎一夜之间退出了历史舞台，但葫芦文化因其深厚的历史沉淀反而保存了下来。如何在新时期进一步挖掘葫芦盛器的功能和传承葫芦文化，成了我们新一代葫芦从业者努力的方向。笔者认为可以从以下四个方面加以实践。

　　一是范制工艺应用新材料，突出葫芦实用性。近些年，各国环保主义者都发现了葫芦天然、环保、绿色无公害的特点，都提出了"返璞归真"的生态理念，纷纷尝试用新材料来制作葫芦模具，套种在葫芦上，使其变成新的葫芦盛器。在物质文明高度发达的今天，很多新颖的葫芦盛器迎来了价格的春天，因为制作难度大、成品率低，其价格一路上涨。如葫芦虫具，在制作工艺上更加丰富和完善，特别是 3D 打印技术的出现为塑模提供了非常方便的技术支持。研究新材料，利用新的数控精雕技术，制作新的实用性强的范制模具，是发展葫芦盛器的主要途径之一。葫芦种植应与时俱进，重点方向应该放在开发葫芦材质的文房用品、葫芦茶具、葫芦香具、葫芦花器上。随着人们对文化产品的喜爱和追捧，精致、高端大气的葫芦盛器也一定会受到消费者的喜爱。

　　二是多种工艺混合制作葫芦盛器文创用品。值得欣慰的一个现象是越来越多的工艺美术专业的学生进入了葫芦盛器的创作加工行业。专业技术人才的加盟提升了葫芦盛器工艺品、艺术品的美感和艺术价值，提升了传统葫芦盛器制作者的艺术修养和审美水平。同时，葫芦盛器在工艺制作方面也实现了突破性发展。过去单一工艺制作手法变成了多种工艺混合使用，提高了葫芦盛器的综合利用率。特别是多种工艺制作的葫芦手把件、葫芦香囊、葫芦家居摆件等，总能得到市场的认可。工艺结合的方法有很多，比如将葫芦押花和葫芦雕刻、葫芦烙画结合起来，就能做成更加精美的葫芦手把件。将葫芦范制工艺和葫芦拼接镶嵌技艺结合起来，就能制作出精美的葫芦香炉，让人爱不释手。

京城小靳手工刻模范制匏器香炉　徐浩然收藏　毕尚宏摄影

　　三是葫芦盛器文化和制作工艺体验活动进课堂、进社区。为进一步推广葫芦盛器文化和葫芦制作工艺，以葫芦工坊为代表的一些企业开发葫芦手工素材包，举办了葫芦文化进校园、进社区活动。还把原本散乱的葫芦文化进行了整理汇总，出版了《图说葫芦》一书，方便中小学生、葫芦爱好者阅读。

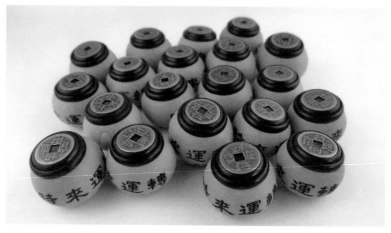

葫芦文玩手把件作品《时来运转》

　　四是葫芦综合利用和开发。葫芦盛器作为农业、渔业、军事工具等，大部分早已退出历史舞台，但是葫芦虫具因为特殊人群的存在而经久不衰。葫芦虫具器物在清朝达到顶峰并一直流传到今天，以至于在很多城市的文玩市场，都有固定的摊位销售葫芦虫具。在经济高速发展的当下，葫芦盛器的哪些功能又会被发现呢？我们从不担心葫芦文化的消失，却害怕当下的我们不够努力不能发挥出葫芦盛器的价值。中日韩葫芦文化一脉相承，在葫芦盛器文化方面进行了许多交流和探讨，每年都会有不同形式的葫芦展览和图书出版。葫芦工坊也积极走出去，到葡萄牙、意大利、美国、新加坡等地参加国际展览，寻找新的葫芦盛器开发利用方式和创意设计灵感。在葫芦综合开发和利用方面，未来还有很多有价值的事情要做，但更要着眼于当下，把葫芦种植和葫芦工艺品创作坚定不移地坚持下去。

葫芦口哨　葫芦工坊开发设计

葫芦鱼灯　葫芦工坊开发设计

葫芦水瓢　葫芦工坊设计

葫芦储物罐　葫芦工坊设计

彩绘葫芦储物罐　郑頔收藏

葫芦储物罐　丰博制

酒葫芦

生肖系列酒葫芦

北京故宫博物院
葫芦盛器精选图录

康熙款匏制寿字勾莲纹碗

康熙款匏制团寿字碗

木金漆龙首匏葫芦式藩部胡琴

康熙款匏制勾莲纹撇口碗

匏葫芦式三弦

康熙款匏制团寿字勾莲纹高足碗

康熙款匏制麒麟纹委角四方瓶　　　　康熙款匏制六棱瓶

乾隆款匏制勾莲纹瓶　　　　乾隆款匏制开光团寿字蟠凤纹炉

鲍制赶珠云龙纹双耳三足碗式炉   乾隆款鲍制缠枝莲纹壶

乾隆款鲍制铜镀金里茶碗   乾隆款鲍制银里碗

康熙款鲍制寿字勾莲纹圆盒   康熙款鲍制六方碟

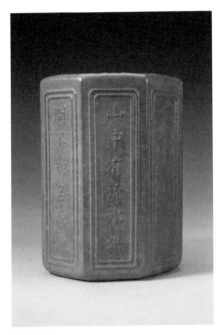

康熙款匏制八方笔筒

　　故宫是一座福宫，里面有各种各样的葫芦主题的文物，其中以文房用具、虫鸣葫芦等留存居多。康熙、雍正、乾隆等皇帝曾亲自种植葫芦，制作范制模具套在葫芦上，把范制葫芦文化推向了顶峰。附录展示的葫芦盛器是徐浩然先生精选的故宫葫芦藏品中有代表性的作品，以飨葫芦爱好者、藏家和从业人员，希望大家能够从中得到启发和熏陶。范制葫芦的发展方向，应该突破传统思维，敏锐捕捉市场变化信息，在葫芦盛器的实用性、功能方面多用功用心。在此，感谢北京故宫博物院对本书写作出版的支持与帮助。

版权声明

参考资料

［1］李湘.《诗经》与中国葫芦文化——论匏瓠应用系列［J］.中州学刊，1995（5）.

［2］杨金凤. 葫芦范制技艺［M］. 北京：北京美术摄影出版社，2015.

［3］杨金凤. 小靳花范葫芦［M］. 北京：北京美术摄影出版社，2016.

［4］杨金凤. 小靳匏器范制技艺［M］. 北京：北京美术摄影出版社，2018.

［5］辛冠洁. 百葫芦斋鸣虫葫芦［M］. 北京：荣宝斋出版社，2008.

［6］刘庆芳. 葫芦的奥秘［M］. 济南：山东教育出版社，2017.

［7］孟昭连. 中国鸣虫与葫芦［M］. 天津：天津古籍书店，1993.

［8］游琪，刘锡诚. 葫芦与象征［M］. 北京：商务印书馆，2001.

［9］夏美峰. 名虫玩赏［M］. 天津：百花文艺出版社，2002.

［10］夏美峰. 虫具收藏鉴赏［M］. 石家庄：河北人民出版社，2000.

［11］王鹏伟. 葫芦纳福：文玩葫芦鉴赏收藏指南［M］. 北京：测绘出版社，2013.

［12］王玉成，王世襄.中国传统把玩艺术鉴赏［M］.上海：上海文化出版社，2006.

［13］游琪.葫芦·艺术及其他［M］.北京：商务印书馆，2008.

［14］潘鲁生.蝈蝈葫芦［M］.石家庄：河北美术出版社，2003.

［15］赵伟.葫芦工艺宝典［M］.北京：化学工业出版社，2009.

［16］赵伟.葫芦收藏与鉴赏宝典［M］.北京：化学工业出版社，2009.

［17］王世襄.说葫芦［M］.北京：生活·读书·新知三联书店，2013.

［18］陈静，路鹏.葫芦技艺［M］.济南：山东教育出版社，2018.

［19］姜宁.招财纳福：葫芦收藏与鉴赏［M］.北京：北京美术摄影出版社，2017.

［20］游修龄.葫芦的家世——从河姆渡出土的葫芦种子谈起［J］.文物，1977（8）.

［21］陈文华.论农业考古［M］.南昌：江西教育出版社，1990.

［22］王青.葫芦雕刻与制作［M］.武汉：武汉大学出版社，2016.

［23］兰州市非物质文化遗产保护中心.兰州刻葫芦［M］.兰州：甘肃人民出版社，2015.

［24］何悦，张晨光.葫芦把玩艺术［M］.北京：现代出版社，2013.

［25］武军炜.葫芦物语［M］.石家庄：河北大学出版社，2014.

［26］汤兆基.收藏指南：竹木雕刻［M］.上海：学林出版社，1999.

［27］尚利平.北京歌哨［M］.北京：北京美术摄影出版社，2017.

［28］戴耿，韩季安.临夏雕刻葫芦［M］.兰州：甘肃人民美术出版社，2005.

［29］李金堂.瓠子南瓜葫芦病虫害防治图谱［M］.济南：山东科学技术出版社，2010.

［30］赵钢.葫芦造型艺术制作与栽培［M］.北京：中国建材工业出版社，2004.

［31］石春云.从葫芦里出来的民族——拉祜族［M］.昆明：云南民族出版社，2009.

［32］普珍.彝文化和楚文化的关联［M］.昆明：云南人民出版社，2001.

［33］周嘉胄.香乘［M］.北京：九州出版社，2014.

［34］刘小幸.母体崇拜——彝族祖灵葫芦溯源［M］.昆明：云南人民出版社，1990.

［35］暴慕刚.玩葫芦［M］.北京：同心出版社，2007.

［36］后藤朝太郎.蟋蟀葫芦和夜明珠：中国人的风雅之心［M］.北京：清华大学出版社，2020.

［37］张跃进.葫芦雕刻［M］.济南：山东文化音像出版社，2011.

［38］董健丽.中国古代葫芦形陶瓷器［M］.南昌：江西美术出版社，2010.

［39］李世萍.先秦经典中谚语的辑录与研究［M］.北京：新华出版社，2021.

［40］应有勤.中外乐器文化大观［M］.上海：上海教育出版社，2008.

［41］Pal S N，Ram D，Pal A K，et al.Combining Ability Studies for Certain Metric Traits in Bottle Gourd ［J］. Indian Journal of Horticulture，2004，61 (1).

［42］Kumar S，Singh，S P，Jaiswal R C, et al. Heterosis over Mid and Top Parent under the Line × Tester Fashion in Bottle Gourd ［J］. Vegetable Science，1999，26（1）.

［43］Janakiram T，Sirohi P S. Studies on Heterosis for Quantitative Characters in Bottle. Gourd［J］. Journal of Maharashtra Agricultural Universities，1992(17).

［44］Rao B N，Rao P V, Reddy B M. Heterosis in Ridge Gourd［J］. Haryana Journal of Horticultural Sciences，2000，29（1）.

鸣谢单位

宾夕法尼亚大学考古学与人类学博物馆

明尼阿波利斯艺术博物馆

耶鲁大学美术馆

沃尔特斯艺术博物馆

中国民族博物馆

故宫博物院

国家博物馆

云南省博物馆

恭王府

首都博物馆

山东工艺美术学院文化创意产业"金种子"孵化器